零基础学装修

董远林 著

中国建筑工业出版社

图书在版编目（CIP）数据

零基础学装修/董远林著.—北京：中国建筑工业出版社，2018.6
ISBN 978-7-112-22173-8

Ⅰ.①零… Ⅱ.①董… Ⅲ.①住宅—室内装修—基本知识 Ⅳ.①TU767

中国版本图书馆CIP数据核字（2018）第091124号

本书内容共7章，包括装修前的秘密；墙体拆改施工；水电改造施工；瓦工施工；木工施工；墙面涂饰及裱糊施工；安装工程施工。

本书适合于装修家庭装修时参考使用，也可供相关专业大中专院校学生学习。

责任编辑：张 磊 万 李
责任校对：姜小莲

零基础学装修
董远林 著
*
中国建筑工业出版社出版、发行（北京海淀三里河路9号）
各地新华书店、建筑书店经销
北京点击世代文化传媒有限公司制版
北京利丰雅高长城印刷有限公司印刷
*
开本：787×1092毫米 1/16 印张：13½ 字数：290千字
2018年7月第一版 2018年7月第一次印刷
定价：78.00元
ISBN 978-7-112-22173-8
（31994）

前言

首先非常感谢读者选择《零基础学装修》这本装修书籍！本书可以作为新业主、设计师、工地监理等参考书。该书按照装修的流程：装修前的秘密、墙体拆改、水电改造、瓦工施工、木工施工、墙面涂饰及裱糊、安装工程等共分七章，装修前、施工中、装修后每个施工过程系统讲解，书中图文并茂、通俗易懂、内容丰富，干货满满。

随着生活水平的提高，大家开始关注居住的环境——绿色环保、持久耐用、经济适用、靓丽美观，这些是装饰装修永恒的主题。如何打造一个适合自己的家？作为一名新业主，装修预算如何做？如何选择清包、半包、全包等装修方式？阳台砖如何选择？装修的过程是非常复杂的，面对市场上五花八门的装修报价、选材、施工、工人素质等问题，装修的每个环节，如何甄别？怎么看清装修报价内幕？怎样不被包工头忽悠？怎样避免装修过程的纠纷？没有经历过装修的你难知水的深浅，只能被牵着鼻子走，那如何解决装修入门问题？《零基础学装修》这本书从装修前的秘密、水电改造、湿作业、干作业等，每个装修过程的步骤，都有很好的指导及借鉴意义，实用性非常强。手把手教给你每一步的装修做法，讲解清晰到位，真正让你从装修"小白"变成装修达人！

装修前　调整装修的错误心态；揭开免费设计的内幕；把好合同的"七寸"......

装修中　如何看"牢"施工过程；客厅留多少插座；看穿水电改造的猫腻......

装修后　工程质量如何验收；如何去除甲醛等污染；如何选择洁具用品......

《零基础学装修》是一本实实在在的装修入门书，在书的编写过程中，参考了同类文献资料、专著等，在此向作者表示感谢。书中部分图片来源于网络，由于无法联系到图片的版权所有者，深表歉意也请版权所有人及时联系作者，一并致谢；同时感谢王浩镔、赵筱筱、常甜、于宏恩、张慧涛、杜龙枭、朱蕾、朱鑫成等。

由于作者水平有限，限于时间仓促和经验不足，书中难免有不妥之处，恳请广大读者批评指正。

目 录

第1章 装修前的秘密

1.1 装修前调整好心态

装修一般从开始纠结装修到入住至少需要小半年的时间，需要投入大量的金钱、时间、精力，特别是对没有任何装修经验的人来说，真是摸着石头过河，装修过程比较复杂，希望房子装的与自己想象的一样，总是抱有这样或那样的想法，其实业主们的小心思反而给装修带来很多麻烦，要摆正自己的心态。

1.1.1 装修的错误心态

1. 紧盯价格，不便宜

特别是在挑选装饰公司阶段，你也许跑了几家公司后，发现他们的报价差别比较大，你找的装饰公司基本是完成你的硬装部分，当地的装修市场人工费基本一致，好的装饰材料价格也比较均衡，那为什么有差距呢？无非在报价时，给你漏项，装修过程减少工序、材料以次充好，这些都会让你重新掏腰包，后期给自己增加很多烦恼。

2. 贪小便宜

装修已经将大钱都花了，却纠结小钱，不该省的却省了，水龙头没用多长时间生锈了；厨房没安装止逆阀，做饭时满屋的油烟味；埋在墙里的电线太细，经常跳闸；购买的小物件虽然价格不高，却给自己生活添加很多不必要的麻烦。

3. 职业没用贵贱，装修双方互相尊重

装修合同要签好，但最好不要用到，装修过程就是业主与装修公司配合完成的，施工中哪里不合适就及时指出，及时解决；不管是瓦工、木工、油漆工等，虽然穿着破旧，但他们的工资是“白领”，一月收入甚至上万，搞好和工人的关系，施工质量才有保障。

4. 照葫芦画瓢，按部就班

业主不知道自己需要什么，喜欢照抄，把在杂志、图片上看到样子，告诉工人这样装，结果装的不伦不类，对自己的房子没有一个顶层的设计。要根据自身需要和房屋特点学会借鉴，将某个局部设计亮点用到自家的装修中，完全可以起到画龙点睛的作用。还有些业主为了节省开支，带着木工往家具店跑，让木工“室外写生”——临摹家具，葫芦是有了，却不是“瓢”的样子，要知道高档家具的细节如油漆工艺、手感等方面，不是一般手工活能做出来的。

5. 一劳永逸自作茧

最应该提醒大家的是装修永远不可能做到一劳永逸，这会把自己弄得疲惫不堪。例如做一个书架的隔板，让木工做 18cm，看着太宽，又要做成 16cm，等木工做完看着又觉得窄了，总担心做出来的效果不是最好，恨不得什么事情都自己来，患得患失，结果把自己搞得过度操劳。实际上，不论多好的装修都有落伍的一天。

1.1.2 装修吵架，有妙招

装修是一项很费体力、脑力的活动，白天上班、晚上看工地，周末还要跑材料市场。夫妻双方由于习惯、爱好、分工不同，会出现闹情绪问题，这都是非常正常的，如何避免不必要的争吵，这里有个小窍门给大家分享一下。

首先装修前要分工好，谁是装修的主要负责人，出现分歧时，应由主要负责人决定；当很多情况下，老婆拿不定主意的时候，你必须能揣测老婆的想法，并且给她一个充足的理由来支持老婆的想法，让她觉得你们的想法是一致的；老婆不想管的事情或管不了的事情，你必须能立刻管住、管好。

1.2 如何选择装饰公司

1.2.1 了解装饰公司

当你省吃俭用积攒了多少年的积蓄，终于拿到了自己心爱的房子，或你想提升下目前的居住环境，重新装修下，摆在业主面前的一道难题出现了，如何把你的心血钱交给值得信赖的公司？没有经验的业主在装修时很盲目，通常被对方的"热情"欺骗，殊不知业主在交了定金后，态度大转变或者拿钱走人。那么，如何选择装饰公司呢？

首先要了解装修公司的几种类型，目前装修公司主要分为这几种：

高端设计工作室：规模大、名气大，能提供专业的设计及施工服务，施工非常严格，相同的装修施工，可能比一般的装饰公司多几十道工序，讲究精益求精，设计及施工的价格也是非常高的，这就好比不同牌子的汽车价格上能差好几倍。

连锁装饰公司：目前全国连锁品牌公司很多，有比较固定的内部管理模式，有自己的加盟品牌主材，这些公司也很有实力，比较注重公司声誉及散户的家庭装修，设计及施工还是不错的，这种公司也是比较有实力，不会出现装修完不久就倒闭的问题。服务后期有保障。

地方装饰公司：都是当地装饰企业，从其他装饰公司出来的设计师、施工经理，自己创建公司。这类公司的特点是装修质优价廉，但公司的实力、口碑一定要考察好，如果身边有朋友找过这种公司装修，质量价格可以的话，可以选用。

游击队：从目前情况看，在全国各大城市从事家庭装修的施工队，绝大部分都是外地人员，现在木工、瓦工甚至材料员都可以自成门户给别人装修，业主需要耗费大量的时间及精力跟踪现场，进行质量把控。此外，合同对于他们没有任何的约束力，业主主要从装修款方面控制游击队施工，没有任何的后期维修保障，游击队的最大特点是价格便宜。

1.2.2 货比三家选公司

当你在选择装修公司时，不要只与一家装修公司交涉，应该货比三家选择装修公司，特别是在一些公司的硬件上要下功夫，否则后续出现问题，很难维权。

1. 了解企业资质

装饰公司的资质主要包括营业执照、年检合格章及资质证书。营业执照（见图 1-1）：包括正本或副本，工商局在每年一到四月需要对企业进行年检，注意营业执照上的年检合格章，没有营业执照的公司是不受法律保护的。装饰企业的资质证书（见图 1-2）：资质证书是由当地建设委员会颁发，包括正本或副本，内容包括企业承包工程的范围及施工资格，该证书明确规定了装饰公司等级及装饰工程的额度，家庭装修一般需要三级及以上资质证书，没有以上两个证书都是非法企业，需要谨慎对待。

图 1-1　营业执照

图 1-2　资质证书

2. 看办公场所

装饰公司有固定的办公场所，注意营业执照上的办公场所与目前的办公地点是否一致，能否开具合格的票据等。但是如果场所简陋，例如几张办公桌、几个人，业主就要谨慎了！一个好的装饰公司是多年积累下来的企业文化，包括办公场所的装修、艺术氛围、设计及施工人员的制服、言谈举止等素质。

3. 鉴别“挂靠”公司

有些装饰公司或个人向大型企业缴纳费用，“挂靠”大型建筑装饰公司，利用大公司的知名度承接装修项目，这些挂靠公司不等同于大型建筑装饰的设计及施工技术水平，业主需要深入考究，“挂靠”公司是一种欺诈行为，不受法律保护。鉴别“挂靠”公司最直接的方式就是办公场所是否与营业执照上的注册地址一致（见图 1-3）。

图 1-3　营业执照住所

4. 看工地

选择装饰公司不要听公司人员说有多好，也不要被公司的规模表象迷惑，一定要去正在施工的现场去查看，施工现场最能反映出该公司内部管理水平，现场是否有施工进度、成品保护措施、负责人联系方式等工程质量保证体系，现场管理应井井有条，而不是脏乱差。此外了解公司口碑，可以与已经装修过的业主了解装修公司情况也可以通过网络，搜索公司的名称、公司网上的口碑等信息，全方位的了解才能做出正确的判断。

1.3　设计风格

1.3.1　设计前的沟通

您在选择一家满意装饰公司后，接下来需要将自己的想法与设计师进行沟通，沟通交流是完成用户满意装修的一个重要步骤，室内设计是业主与设计师共同配合、互动的一个过程，单靠设计师无法达到业主的真正满意。

（1）装修预算。同样一套房子有的家庭装修需要十万就能搞定，有的需要二十万甚至更多，业主要将自己的装修预算告诉设计师，以便将装修预算用在合理关键的部位。

（2）自己的想法。业主将自己的想法告诉设计师，即使想法不成熟也没关系，设计师可以给您提供更好的创意。

（3）职业。老师、公务员、医生、老板等不同的职业对装修内容的影响很大，例如，老师可能希望让自己的家庭装修更具有文化氛围，功能设计上一般会包括一个书房；医生由于职业关系，避免墙面采用白色等。

（4）喜好。业主将自己的喜好，例如墙面颜色、装修风格，个人的生活习惯等告诉设计师。此外，还包括一些特殊的嗜好，例如有的业主喜欢收藏，希望室内有个博古架。

（5）家庭成员。家庭成员的组成，特别是有小孩的家庭，在家庭装修时，需要考虑安全环境，例如落地窗位置需要设置栏杆、地面主材选择木地板等软质材料。此外现在很多家庭喜欢养宠物，也把宠物视为家庭成员之一，装修中也要特别考虑。

（6）其他事宜。每个地方在风俗上有些需要避讳的事宜、家庭成员的宗教信仰，需要设计一个供奉先人的位置等特殊要求。

作为业主，你的一个提议会改变设计师的初衷，业主在与设计师交流前找个本子可以将自己的想法记录下来，以便全面而准确的与设计师交流，让设计师做出一个您满意的方案。

1.3.2 确定装修风格

在装修之前你必须成长为“半”个装修专家，在设计时脑袋有思路，不会出现装修的房子“不伦不类”，首先要了解装饰风格的一些基本知识。装饰风格的选定可以根据业主的喜好来任意选定，但有一点非常重要，就是在设计中必须追求整体风格和谐统一，不管采用哪种风格的设计，整体风格都必须统一协调。特别是后期的软装修，您购买的沙发、窗帘等一定要和硬装风格相统一。

1.3.3 新中式风格

新中式是将中国传统的文化在现代背景下的演绎，不是完全意义上的复古明清，是通过传统文化的认识与现代元素的结合，以现代人的审美需求打造出富有传统韵味的事物（见图 1-4）。例如古代的画案书案，现在用餐桌代替，传统的条案演绎成了电视柜。新中式风格讲究细节装饰，主体装饰物以中国画、宫灯和紫砂陶等作为传统装饰物，起到画龙点睛的作用。在空间层次上，常以中式窗棂、屏风作为分隔方式。空间装饰多采用简洁硬朗的直线条，体现出中式风格追求内敛的设计风格。在色彩搭配上以黑白灰作为基础，以红、黄、蓝、绿作为局部色。在家具选择上以线条简练的明式家具为主。

图 1-4 新中式风格

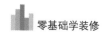

1.3.4 欧式风格

欧式风格就是欧洲各国文化传统所表达的强烈的文化内涵（见图 1-5）。它是以古典柱式为中心的风格，欧式的居室不只是大气，更多的是惬意和浪漫。同时，欧式装饰风格大多适用于大面积房子。空间太小，不但无法展现其风格气势，反而会对在其间的人造成一种压迫感。

欧式风格强调力度、变化和动感，强调建筑绘画与雕塑以及室内环境等的综合性，突出夸张、浪漫、激情的幻觉、幻想的特点。打破均衡，平面多变，强调层次和深度；主要采用色彩明快、柔和、清淡却富丽的金色和象牙色等暖色系；多使用各色大理石、多彩的织物、精美的地毯，精致的壁挂、宝石、青铜、金等；它一般适合别墅大户的企事业成功领导者，海归人员等凸显自己尊贵的气质。

图 1-5 欧式风格

1.3.5 现代风格

现代风格（见图 1-6），追求时尚与潮流，非常注重居室空间的布局与使用功能的完美结合，具有简洁造型、无过多的装饰、科学合理的构造工艺、重视发挥材料性能的特点。它不需要烦琐的装潢和过多的家具，较为注重室内家居的整体性，是目前家居设计中最为流行的风格之一。

现代风格多由曲线和非对称线条构成，如花梗、花蕾、葡萄藤、昆虫翅膀以及自然界各种优美、波状的形体图案等，体现在墙面、栏杆、窗棂和家具等装饰上。线条有的柔美雅致、有的遒劲而富于节奏感、整个立体形式都与有条不紊的、有节奏的曲线融为一体。多运用白色、灰色系作为基调，再根据家居设计的不同要求配上其他颜色的家具，表现个性及张力。大量使用铁制构件，将玻璃、瓷砖等新工艺，以及铁艺制品、陶艺制品等综合运用于室内。因此，它是更适合艺术爱好者。

图 1-6　现代风格

1.3.6　乡村田园风格

在家居设计中推崇回归自然、结合自然的风格，将自然、乡土风味整合成新的空间形式，称为“乡村风格”“田园风格”或“地方风格”，也称“灰色派”（见图 1-7）。

以田地和园圃特有的自然特征为形式手段，带有一定程度农村生活或乡间艺术特色（如运用天然木、藤、竹等材质质朴的纹理；绿色植物、青砖白瓦、本色的木材等；室内多用织物、石材等天然材料），表现出自然闲适内容的作品或流派。其主旨是通过装饰装修表现出田园的气息，并非农村的田园，而是一种贴近自然、向往自然的风格。其最大的特点就是：朴实、亲切、实在。此风格得到文人雅士的推崇，如教授学者，小资情调白领人员等，特别是英式田园，赢得很多女性的喜爱。

图 1-7　乡村田园风格

1.3.7　地中海风格

蔚蓝色的浪漫情怀，海天一色、艳阳高照的纯美自然即是地中海风格（见图 1-8）。

在打造地中海风格的家居时，配色是一个主要的方面，要给人一种阳光而自然的感觉。主要的颜色来源是白色、蓝色、黄色、绿色以及土黄色和红褐色，这些都是来自于大自然最纯朴的元素。地中海风格特色拱门与半拱门和马蹄状的门窗。此外，家中的墙面处（只要不是承重墙），均可运用半穿凿的方式来塑室内的景中窗。

地中海沿岸对于房屋或家具的线条不是直来直去，显得比较自然，因而无论是家具还是建筑，都形成一种独特的浑圆造型。白墙的不经意涂抹修整的结果也形成一种特殊的不规则表面。这种风格特别适合经常四处旅游、追求浪漫的白领小资。

图 1-8　地中海风格

1.3.8　新古典

相对于十世纪之前“古典主义”而言的复古风潮，因此才有“新”古典风格的出现（见图 1-9）。

新古典的装修家具的线形变直，不再是圆曲的洛可可样式，装饰以青铜饰面采用扇形、叶板、玫瑰花饰、人面狮身像等，还将家具、石雕等带进了室内陈设和装饰之中；整体以沉稳大气的偏深色调为主，在木料选择上，也多是深色调的表现，金、银色系则是主要的配色运用，对于空间高贵感的营造，有画龙点睛的效果；拉毛粉饰、大理石的运用，使室内装饰更讲究材质的变化和空间的整体性。这种风格适合沉稳、有学识的人、海归派等人群。

图 1-9　新古典客厅

1.3.9 LOFT 风格

LOFT 的定义要素主要包括：高大而开敞的空间，上下双层的复式结构，类似戏剧舞台效果的楼梯和横梁；流动性，户型内无障碍；透明性，减少私密程度；开放性，户型间全方位组合；艺术性，通常是业主自行决定所有风格和格局。

LOFT 风格（见图 1-10）采用大方块状的几何体、红砖外墙、少有内墙隔断，给人的感受就是高大、宽敞、结实；把建筑里大开间或挑空的部分设计成工作的区域，然后在空间中的某一局部搭建出阁楼用以居住；钢结构、简单粉刷的原始红砖墙壁，工业建筑本身的特征被充分地裸露在外面；墙壁被涂上灿烂的颜色，运用巨大夸张明亮的工业照明设备。这样简单大胆的设计很受单身新贵、个性另类的年轻人的青睐。

图 1-10　LOFT 风格厨房

1.4 装修的几种方式

1.4.1 如何省时省力省钱

绝大部分情况下，业主在拿到房子准备装修的时候都是非常迷茫的，对装修几乎是一无所知，甚至对装修方式这种基础性问题也存在盲点。目前常用的装修方式有全包、清工、半包、套餐四类。这四类装修方式有其各自的优劣势。

1.4.2 全包

全包，就是把主材、辅材及施工全部都包给装饰公司，从设计到施工由装饰公司负责，业主只参与设计方案、预算的审核及工程验收，这种方式最省时省力，费用相对其他几种装饰方式来说要高出很多。

全包的优点：

（1）业主只需要适时地与设计师进行沟通，让设计师了解自己的意图，监督工程的基本进度和质量即可。

（2）专业的装饰公司设计与自己想法的结合，设计会比较满意而且后来不会留下遗憾。

（3）设计、选材、施工都由同一家公司代劳，施工上如果出现什么问题比较容易解决，最终出来的效果也会更完整，风格更统一。

全包的缺点：

（1）如今的装修市场中，大大小小的装饰公司，识别挑选起来确实不太容易。

（2）如果碰到一些不正规的公司，受骗上当的机会可能会很大。

（3）全部包给装饰公司，特别是在建材的选购上，很有可能会被装饰公司钻空子。

适用人群：

全包装修方式适合工作繁忙或者经济条件富裕的人，比较省事但是需要多花钱。全包装修除了主材、辅料之外，人工费也不是个小数目，在预算上一定要仔细查看，分门别类地把各项主材、辅材的装修标准写明。省时省力，但不一定能省心。施工时，可能会出现偷工减料的问题。所以在施工阶段，业主要时常到现场监督。

1.4.3 清工

清工，也叫清包工，是指业主自行购买主材及辅材，找装饰公司或装修队伍来施工的一种承包方式。装饰公司或装修队伍只负责实际的装修施工。设计、选材、购料、验收全部由业主完成。

清工的优点：

（1）业主掌握最大的主动权，所有事情都在自己的监督控制之下，比较放心。

（2）业主根据自己的想法设计的房子也更具个性，符合自己的生活习惯及性格特点。

（3）相对其他装修方式来说，价格更实惠，比较容易控制，不容易上当受骗。

清工的缺点：

（1）采取此种方式，业主的工作量会特别大，要投入大量时间和精力到处奔波到各大建材市场，了解材料价格、品质等。

（2）需要业主了解各种装饰材料和施工方面的专业知识，也需要了解和熟悉市场行情，否则很容易买一些质次价高的材料，而且难以应付装饰公司或施工队提出的各种问题，从而失去自己的主动权。

适用人群：

清工装修方式适合对装饰材料比较了解，有一定装修知识的人。清工，一切都是自己说了算，自由度和掌控力都很强，可以节省很多不必要的开支。不过费时费力，有时在材料选择或是人工成本上需要多项选择，还是谨慎选择比较好。

1.4.4 半包

半包是介于全包与清包之间的一种装修方式，指业主负责选购主材，设计、辅料则由装饰公司或施工队购置提供的方式。

半包的优点：

（1）主要建材自己购买，在品牌、质量上都比较放心，施工过程中不会出现材料以次充好的问题。

（2）由装饰公司帮自己设计，这样自己也不用把心思放在设计上了，只要和设计师进行多沟通，了解自己想要的，剩下的时间多多了解建材就可以了。

（3）辅助建材由装饰公司或施工队配给，在选购材料上也省事了。

半包的缺点：

（1）要花不少时间去跑建材市场，没有很轻松地完成装修，通常主材要货比三家。

（2）在签合同时一定要清楚注明哪些由装饰公司提供，哪些由业主自己购买，否则很容易被装饰公司误导，最后所有材料都自己买，反倒成了清工还多花钱。

适用人群：

半包装修方式适合繁忙但又追求品质的人，但前提也是要有一定的装饰材料专业知识。半包，主材包括了瓷砖、木地板、乳胶漆等，可以自主确定品牌和型号自主购买。而辅料的种类比较繁杂，由装修公司把控会比较省心。在购买辅料的时候自己要亲自把把关，防止施工方在辅料上以次充好在施工中出现问题而推脱。

1.4.5 套餐

套餐装修就是把材料部分即墙砖、地砖、地板、橱柜、洁具、门及门套、窗套、墙面漆、吊顶等全面采用品牌主材再加上基础装修组合在一起的装修方式。套餐是未来装修的一种趋势。套餐装修的计算方式：套餐装修的计算方式是用您的住宅建筑面积乘以套餐价格，得到的数据就是装修全款；其中包含墙砖、地砖、铝扣板、门及套、窗套、橱柜、洁具以及人工和辅料。以建筑面积 100m^2 的户型装修报价为参考。

套餐费用：装修费用 = 建筑面积 × 套餐价格元 / m^2 = 最后装修费用（含所有的主材），装修费用 =100 × 300 元 / m^2 = 30000 元（含所有的主材）

套餐装修的优点：

套餐装修要比自己购买主材价格平均低 30% 左右。套餐中的所有品牌主材全部从各大厂家、总经销商或办事处直接采购，由于采购量非常大，拿到的价格也全部是底价。专家在做套餐成本核算时，都是按底价核算的，直接让利给消费者。

套餐装修的缺点：

多数套餐的报价都只含有最基本的工艺，墙体拆除、开洞、厨房卫生间防水等必备工序，需要另外再付钱；有些套餐所含的橱柜、免漆门等均有数量限制，要求增加也得加钱；有的低价套餐不含水电改造等，对于含有两个卫生间的户型，套餐式装修则只包含一套卫浴设备，第二个卫生间仅含地砖、墙和顶面涂料等，虽然每一个套餐都可以升级，但升级的部分都得客户买单；此外，一些套餐式装修对面积在 $60m^2$ 以下的小户型设有保底价，全部按 $90m^2$ 计算，90 ~ $100m^2$ 的全部按 $100m^2$ 计算。由此，诸多不可控因素，最终导致一些家装套餐“低开高走”。

套餐装修适用人群：

（1）适用年轻人，工作比较繁忙，套餐既能满足对生活的品质要求又能节约大量时间。

（2）白领人士对套餐也是情有独钟，忙于工作的白领们不必在浪费宝贵时间去为家装费心费力，更不用为家装隐藏项目超出预算而烦恼。

（3）套餐又是老年人的上上之选，便捷的方式能让劳累奔波了大半辈子的老年人省去市场砍价、选料等诸多烦恼，又能为豪华气派的装修省下一笔可观的费用。

1.5 教您搞懂方案设计

方案设计包括效果图和施工图两大类。效果图主要是给客户看的，房子最后装完的效果一目了然，直观、生动、形象，但是一般情况下装修完的效果与效果图还是有差距的，其实后期的软装修对装修效果也起着很重要的作用。施工图主要是给施工队看的，施工图则是施工时最重要的参照物，主要包括平面图、立面图、节点图等。

1.5.1 效果图

效果图分为电脑效果图（见图 1-11）和手绘效果（见图 1-12），作为需要装修的您，要有心理准备，实际装修出来的效果与效果图是有差别的。因为装修基本上以硬装为主，室内的装修氛围还得需要靠沙发、窗帘等软装提升。

电脑效果图是设计师通过一些设计常用软件，比如 3dmax、photoshop 等设计软件，配合一些制作效果软件（vr、Lightscape 等）来表现出设计的效果，目前也出现了很多在线设计平台，例如酷家乐等，能够快速的绘制电脑效果图。

手绘效果图，顾名思义是通过设计师的长期锻炼出来的功底，通过笔画来表现出的一个装修概况，是快速表现的一种手法，需要比较扎实的绘画功底，才能够让自己的设计意图表现的栩栩如生。当设计师进行设计时，随手勾画的草图对于设计构思和创作有着极大的帮助，同时在与业主交流出现问题时，也可以通过快速的勾画让业主对于自己的设计有一个相对直观的认识。这也是很多装饰公司强调手绘的原因。

图 1-11　电脑效果图

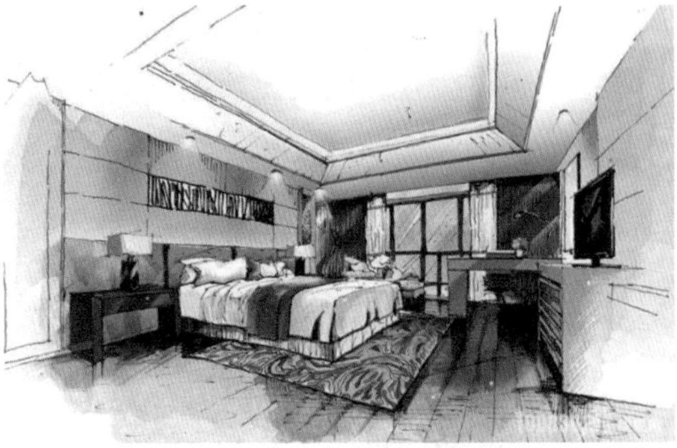

图 1-12　手绘效果图

1.5.2　施工图

施工图是施工时直接参照的图纸，表达施工中所要遇到的各个装饰区域的材料及工艺作法等。施工图主要由平面图、立面图（见图 1-13）和节点大样图（见图 1-14）等图纸构成。施工图在绘制时在尺寸、材料上要严谨，不能出丝毫差错。否则有可能会直接导致重新返工。

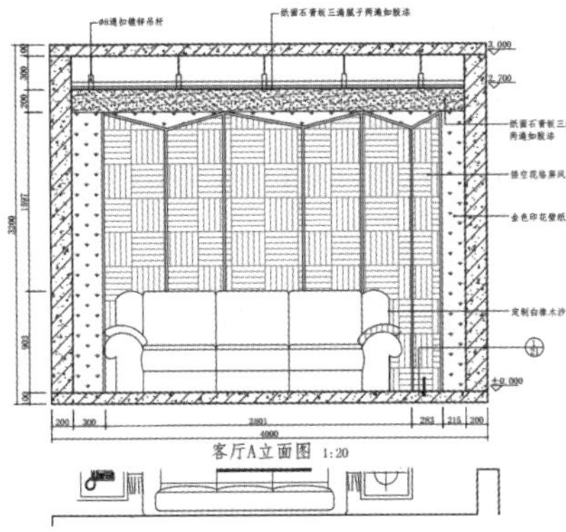

图 1-13　立面图

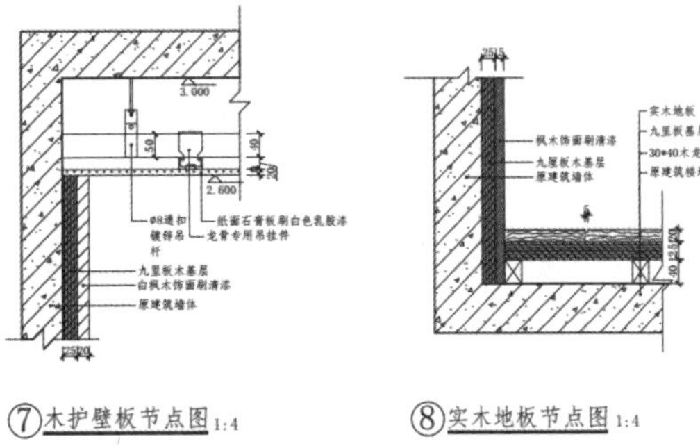

图 1-14　节点大样图

1.6　解决装修费用超支的“利剑”

对于每个家庭来说，装修房子大家关注的就是质量、省钱、舒心这三点。装修预算与你支出密切相关，合理的预算，能让你在装修中游刃有余，最重要的是省钱。家庭装修一般有四大块支出:（1）基础装修（硬装）;（2）家具部分;（3）装饰品;（4）家电部分。一般来说基础装修占总价的 50%，家具占 30%，其余占 20%，其中家具等占的费用是根据个人的喜好，下面重点来看下基础装修。

房子需要装修的面积与房子的实际面积大小是不一样的，我们在装修房子之前首先要进行“量房”。量房是预算的第一步，只有经过精确的量房才能进行比较准确的报价。在装修前准确地计算房子各个空间的面积、大致清楚材料使用量，在签订合同、购买建材、验收付款时就能节省资金。测量室内的面积可以分为墙面、地面、顶面、门、窗等几大部分。

1.6.1　学会计算墙面材料用量

墙面（包括柱面）的装修材料一般包括：涂料、石材、墙砖、壁纸、软包、护墙板、踢脚线等。计算面积时，材料不同，计算方法也不同。在墙面装修中，决定装修价格的因素如材料的价格，施工工艺的难易，还有墙面施工的面积等。对广大业主来说，了解一些墙面面积计算的常识对估算装修预算，掌握墙面装修价格有很大帮助。

（1）墙面漆用量计算

①墙漆施工面积 =（建筑面积 ×80%−10）×3，建筑面积就是购房面积，现在的实际利用率一般在 80% 左右，厨房、卫生间一般是采用瓷砖、铝扣板的，该部分面积大多在 $10m^2$，该计算方法得出的面积包括天花板，吊顶对墙漆的施工面积影响不是很大，可以不予考虑（这个公式得到的结果可能是最接近实际面积的了）。

②墙面漆用量：按照标准施工程序的要求，底漆的厚度为 30μm，5L 底漆的施工面积一般在 65 ~ $70m^2$；墙面漆的推荐厚度为 60 ~ 70μm，5L 墙面漆的施工面积一般在 30 ~ $35m^2$。

③底漆用量 = 施工面积 ÷70；面漆用量 = 施工面积 ÷35。

建筑面积为 $120m^2$ 的房，需要的油漆用量：墙漆施工面积 =（120×80% −10）×3=$258m^2$。

底漆用量 = 施工面积 ÷80（涂布率 /1 遍）=258/80=3.3（桶）即 4 桶

面漆用量 = 施工面积 ÷45（涂布率 /2 遍）=258/45=5.7（桶）即 6 桶

墙面漆用量计算：

首先要计算涂刷面积，有了涂刷面积后，则将涂刷面积除以每升油漆的涂布面积即可获得所需的用漆量。对于一般内墙涂饰，有一个经验公式计算涂刷面积：涂一层所需油漆量（公升）=（建筑面积 ×2.5）/ 每公升涂刷面积。

（2）瓷砖用量计算

瓷砖的款式各异，瓷砖按照块出售，也有按照面积（以平方米）出售的。选购瓷砖最好购买同一色批号的整箱瓷砖，因为色差及误差小，购买瓷砖前应精确计算要铺贴的面积和需要的块数，毕竟现在稍好点的瓷砖一块动辄也需要七八十元，精确的计算可以避免不必要的浪费。现在不少瓷砖专卖店备有换算图表，购买者可根据房间的面积计算出所需的瓷砖数量。有的图表甚至只要纸袋贴瓷砖墙面的高度和宽度即可计算出瓷砖用量。瓷砖的外包装箱上也标明了单箱瓷砖可铺贴的面积。计算好实际用量后，还要再加上一定数量的损耗，通常将损耗定在总量的 5% 左右。

以长 4m，高 3m 的房间一面铺墙砖为例，采用 600×600 规格的地砖。

计算公式：（房间长度 ÷ 砖长）×（房间高度 ÷ 砖宽）= 用砖数量

（房间长度 4m ÷ 砖长 0.6m）×（房间高度 3m ÷ 砖宽 0.6m）=35 块，加上 5% 左右的损耗约为 2 块，所以这个房间墙面铺装的数量约为 37 块。

（3）壁纸用量计算

壁纸卷数 = 墙面面积 ÷ 每卷壁纸面积

一般壁纸的规格为每卷长 10m，宽 0.53m，一卷壁纸满贴面积约为 $5.3m^2$。但实际上墙纸的损耗较多，素色或细碎花的墙纸好些，在墙纸的拼贴中要考虑对花，图案越大，损耗越大，因此要比实际用量多买 10% 左右。

（4）防水涂料用量计算

在室内需要做防水的地方主要有卫生间、阳台和厨房。其实楼房在建造过程中是会做一层建筑防水的。目前我国建筑工程防水的对象 90% 以上为混凝土构件物。混凝土一般具有开裂性、裂缝动态性、潮湿性、渗水等特性。因此，单纯依靠混凝土结构自防水是不能杜绝渗漏的，而只能在某种程度上降低渗漏，原因是混凝土的结构缺陷难以消除。所以目前建筑渗漏已经成为当前建筑质量投诉的热点问题。很多新建房屋在 1 ～ 2 年之后就会出现不同程度的渗漏现象。在这种情况下，只依靠建筑防水就目前现状看恐怕并不牢靠。室内再做防水等于是做到了双保险，同时在避免在装修过程中破坏了原建筑防水层。

防水涂料用量也有一定的计算公式：

卫浴间防水面积（m^2）=（卫生间地面周长—门的宽度）×1.8m（高）+（地面面积）

当然这个是指将墙面的防水面都做成 1.8m 的高度，通常 1.8m 就够了。如果卫生间隔壁墙面是一个到顶的衣柜，那可以将防水刷到顶，这时只要把高度换一下就可以了。

厨房防水面积（m^2）=（厨房地面周长—门的宽度）×0.3m（高）+（地面面积）+ 洗菜池那面墙的宽 ×1.5m

购买防水涂料都是按重量计算的，一般丙烯酸类，每平方米用量为 3kg；柔性水泥灰浆每平方米用量约 3kg。通常购买的防水涂料也会标称 $1m^2$ 要用多少千克的。

1.6.2　学会计算天花材料用量

天花面积计算也和材料有关系，不同材料的计算方法会有所不同。

吊顶（包括梁）的装饰材料一般包括涂料、各式吊顶、装饰角线等。涂料、吊顶的面积以顶棚的净面积“平方米”计算。很多装饰公司会按照造型天花的展开面积进行计算，所谓展开面积就是把造型天花像纸盒一样展开后计算，比如跌级和圆造型按（周长 × 高度）+ 平面天花面积，这样算出的面积会比较多一些，根据造型的复杂程度，一般多出 10% ~ 40%。

天花装饰角线的计算是按室内墙体的净周长以“米”计算。

1.6.3 学会计算地面材料用量

地面面积的计算也同样和材料有很大关系，地面常见的装饰材料一般包括：木地板、地砖（或石材）、地毯、楼梯踏步及扶手等。地面面积按地面的净面积以“平方米”计算，门槛石或者窗台石的铺贴，多数是按照实铺面积以“平方米”计算，但也有以米或项计算的情况。地面瓷砖用量计算和墙面瓷砖的用量计算的方法一致。

楼梯踏步的面积按实际展开面积以“平方米”计算；楼梯扶手和栏杆的长度可按其全部水平投影长度（不包括墙内部分）乘以系数 1.15 以“延长米”计算；其他栏杆及扶手长度直接按“延长米”计算。

装饰木地板的用量和瓷砖用量计算方法基本一致，（房间长度 ÷ 地板长度）×（房间宽度 ÷ 地板宽度）= 使用地板块数。以长 6m，宽 4m 的房间为例，假设选用的是市场上常见的 900mm × 90mm × 18mm 规格木地板，计算如下：

房间长 6m ÷ 板长 0.9m ≈ 7 块；房间宽 4m ÷ 板宽 0.09m ≈ 45 块；

长 7 × 宽 45= 用板总量 315 块；再加上木地板施工时通常有的损耗约为 5%-8%，大概是 16 块；那么总共需要木地板 331 块。如果是按照面积购买，只要用总块数乘以单块面积即可。

总之，工程量的结算最终还是要以实量尺寸为准，以图纸计算还是难免会有所偏差。面积的计算直接关系到预算的多少，是甲乙双方都非常重视的一点，力求做到精确。

家装妙招－公司报价“陷阱”

很多业主在装修时都注重看总价，现在装饰市场竞争激烈，为了招揽客户，公司报价差别很大，手段多样，致使装修过程中有很多“陷阱”：故意漏项，报价单中刻意漏掉某些主材，拉低总价，装修过程中业主只能又往外掏钱；乱算施工面积，增加装修费用，业主不懂工程量计算，报价时超算或重复计算，每个地方多一点，总价就高了；材料含糊不清，同一品牌主材也分一级品、二级品等，价格差别也大；工艺含糊不清，施工过程漏工序；拉低单项，例如地板报的比你了解的价格低，可能又给你加上安装费用（地板的价格包括安装的分费用）。

1.6.4 装修费要“好钢用在刀刃上”

装修预算有限，怎么装修？许多朋友因为该花钱的地方省错钱了，不该花钱的地方却花掉了冤枉钱，一些装修常识我们一定要搞懂：

（1）整体规划：在装修之前应该深思熟虑，需要装什么样子，一定要明了，可以找个本子按照客厅、厨房、卧室等功能空间，进行细致划分，考虑周全再开工，否则不仅费时费力，而且有时候你的突发奇想可能造成返工，费用也会增加。

（2）装修材料选择：要邀请有经验的人一同购买材料，熟悉材料市场的人了解市场价格及材料品质。

（3）施工队伍选择好，尽量不要找街边工人施工，贪图小便宜，否则有可能造成二次返工。

（4）水电施工，方便日后生活。水电是隐蔽性工程，若质量差，后期出现水管爆裂、跳闸问题，维修非常麻烦，在水电施工时要舍得投入，后期想弥补，又要多花钱。

（5）复合木地板，适用于百姓家庭，价格适中，不易变形，在耐磨程度上甚至比实木地板要好。最好选择品牌地板，绝对不要超过 200 元 $/m^2$。

（6）马桶，马桶是每天都需要用的洁具，差的马桶水箱非常容易坏，下水也不好，容易堵塞。要是堵上，一整天的心情就毁了。质量好的马桶静音效果也相对较好，可以避免半夜上厕所冲马桶的时候吵醒家人。

（7）灶具不能省钱。灶具的使用频率较高，较差品牌的抽油烟器噪声很大，吸油烟效果也很一般。而且厨房里面如果每天做饭，油烟很大，必须要有一个好的厨房三件套。

（8）一体化橱柜、衣柜，橱柜、衣柜可以根据自己的需要选择板材，质量有保证，能省很多麻烦，后期维修比较方便，定制橱柜、衣柜也可以节省很多空间。

（9）吊顶，厨卫可以选择便宜的铝扣板。吊顶在许多业主中，都在装修后觉得自己当初的豪华吊顶根本没什么用。仅仅是一时好看而已。

（10）小件物品不能省钱，龙头、硅胶、插座、水槽等使用频率较高的部件，后期维修比较麻烦，要选择质量好的品牌产品。

（11）节庆选家电。凡是五一、十一等节庆，商家会搞降价促销，家电的价格比平时便宜很多，有时候能给价保一年，特别是电视、洗衣机、空调、冰箱大宗全部大包在一个品牌上，价格更实惠。

1.7 把好合同的“七寸”

在认可了报价之后，正规的装饰公司还要和业主签订一份施工合同或协议书，其中施工合同中的最关键的内容你要特别留意：

（1）签订合同前查看资质，检查营业执照是否由工商行政管理部门签发。

（2）合同中约定好材料的品牌及使用部分，避免偷梁换柱。

（3）给自己“留一手”。乙方的装修质量不敢保证，在合同上约定好，主动权掌握在自己手中，可附上“如果甲方不满意装修队伍的施工，可在施工之日起十日内有权终止合同”。

（4）装修款的支付方式，分期付款方式。即合同签订后付 30%，中期付 50%，待竣工验收合格后再付清，你一定要注意，尾款一般至少在 20%，否则，装修出问题，业主也就“手无寸铁”了，只能干着急。

（5）避免 " 暗藏杀机 " 的条款。例如合同上写的是工期 50 个工作日，但乙方想来干一天就干一天，不想来就不来，要注明到某年某月某日竣工，施工期是由双方事先约定好的，由于施工方原因造成的拖延工期，责任由施工方负责，若由于客户有特殊原因或自然原因，工期应顺延，但应与施工方签订临时更改协议。

（6）为预防在施工中有违约现象的出现，签订合同时不应只写 " 双方协同解决 "，应注明提请地方法院或消费者协会解决。

（7）材料损耗理赔，一般材料的损耗应该在 5% 以下，有些施工队伍不注意材料的节约，签订合同时要在备注栏中加以约定。注明：如乙方在施工过程中造成的材料损耗超过 5%，其损失费用由乙方承担。

1.8 现场交底及成品保护

施工现场交底即施工现场的施工技术交底，就是让甲乙双方在装修前对施工都有所准备。交底由业主、项目经理、设计师三方共同对房屋基本情况、设计方案的施工要求进行交代，让施工人员了解房屋情况和设计师的设计意图。在装修的整个过程中，现场交底是签订装修合同后的第一步，同时也是以后所有步骤中最为关键的一步。施工交底要在客户、施工负责人、设计师和工程监理的共同参与下才能保证交底的合理与有效。从以下几个方面的工作进行。

1.8.1 施工现场检查

业主、项目经理、设计师三方共同对要装修的房子进行检测。对墙面、地面、顶棚的平整度及给水排水管道、电、煤气等通畅情况进行检查，采用空鼓锤检查原建筑地面墙面有没有空鼓等，使用检测尺检查墙面、地面、顶棚的平整度、卫生间下水是否堵塞、网线或 TV 接孔是否完整、入户门是否完好等，检查完毕后甲乙双方签字确认。

1.8.2 设计师向施工负责人详细讲解图纸

在现场，设计师要详细地向施工负责人讲解图纸内容及特殊施工工艺要求：如各制品的造型、墙面腰线的位置、电工线路的走向、开关插座的位置及个数、上下水的走向等。施工负责人需要将这些内容都记录下来或直接标注在装修部位。

1.8.3 确认交底内容

项目经理要对现场进行的交底工作详细记录，此外，还要确认装修施工现场已有的设备的数量、品质、保护的要求等等，用文字说明（如果用文字难以表达清楚，就需要用说明性的草图或正规图纸来做出更深入的说明）并由甲乙双方签字。

1.9 避免手忙脚乱，你必须懂施工流程

装修之前你需要逛建材市场和家具市场，了解装修主材、家具等，从种类到风格都有一个大体的认识，有更多的选择权，也可以预估出大致的装修预算。装饰的重点部位可以选择高档材料、精细做工，其他部位的装修采用简洁、明快的做法，买涂料时，选择大品牌的特价款，品质有保障，最主要的是达到环保要求。

1.9.1 开工前的准备

根据物业的规定，装修前通常需要到物业办理相关手续。通常必须由业主和设计师或项目经理一起到物业处交接装修申请，办理施工手续。通常施工的相关手续如下：

（1）在小区物业给的装修协议上签字。

（2）给小区业务提供装修图纸，主要是水电路改造和拆改的非承重墙体项目。

（3）办理“开工证”，施工时用来贴在门上，便于物业检查的工期证明（见图 1-15）。

（4）出入证，主要是为工人办理的，以免装修期间有不法人员混入小区。

此外，一定要注意协调好邻里关系。装修最少也得一个月，在开工前一定要和邻居打好招呼，让他们提前做好准备。同时在工期上也要相应进行调整，尽量不要在邻里的休息时间进行拆墙、锯板等噪声较大的工程。

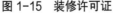

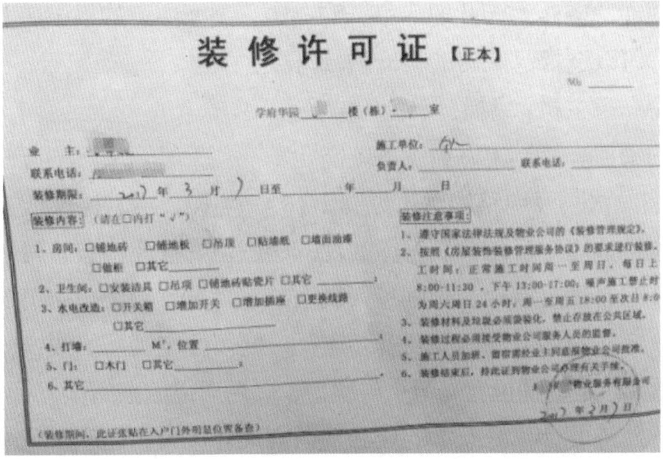
装修许可证【正本】

业 主：
联系电话：
装修期限：2017 年 3 月 7 日至 年 月 日
施工单位：
负责人： 联系电话：

装修内容：（请在□内打“√”）
1、房间：□铺地砖 □铺地板 □吊顶 □贴墙纸 □墙面油漆 □做柜 □其它
2、卫生间：□安装洁具 □吊顶 □铺地砖贴瓷片 □其它
3、水电改造：□开关箱 □增加开关 □增加插座 □更换线路 □其它
4、打墙： M²，位置
5、门： □木门 □其它
6、其它

装修注意事项：
1、遵守国家法律法规及物业公司的《装修管理规定》。
2、按照《房屋装饰装修管理服务协议》的要求进行装修。
3、装修材料及垃圾必须袋装化，禁止存放在公共区域。
4、装修过程必须接受物业公司服务人员的监督。
5、施工人员加班、需密需经业主同意报物业公司批准。
6、装修结束后，持此证到物业公司办理有关手续。

（装修期间，此证张贴在入户门外明显位置备查）

图 1-15 装修许可证

1.9.2 施工流程，这样安排最合理

1. 前期设计，施工合同签订→2. 主体拆改→3. 水电改造→4. 木工→5. 贴砖→6. 刷墙面漆→7. 热水器安装→8. 厨卫吊顶→9. 橱柜安装→10. 烟机灶安装→11. 木门安装→12. 地板安装→13. 铺贴壁纸→14. 开关插座安装→15. 灯具安装→16. 五金洁具安装→17. 窗帘杆安装→18. 拓荒保洁→19. 家具进场→20. 家电安装→21. 家居配饰。

1.9.3 从硬装到软装

1. 墙体、水电改造设计阶段（此阶段需准备：量橱柜、订瓷砖）

初期阶段，是房子墙体拆改与重建隔墙，根据设计图纸拆改墙体，砸得多补得多，前期合同一定要确定好这些墙体改造及垃圾清运是否包含在装修合同里，否则很容易超预算，装修前你一定要与设计师沟通好房子的整体设计与需要拆改的墙体。如果是老房子，此阶段还包括拆旧墙、砌新墙、铲墙皮、拆暖气、换塑钢窗等。此外，规划好客厅、卧室等空间的家具位置、水电方向及位置（见图 1-16、图 1-17），以确定水电排管方向。

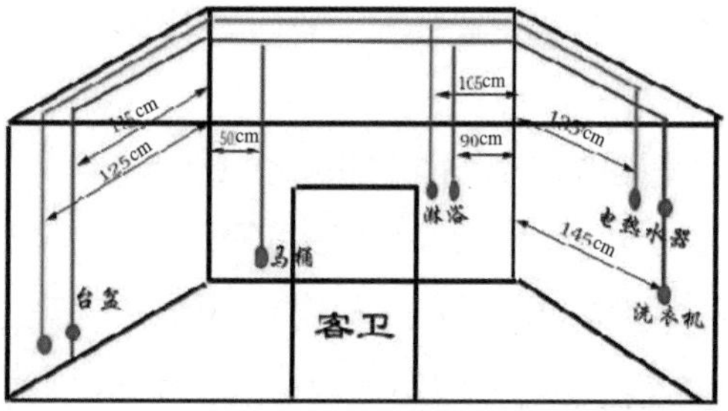

图 1-16 水路图

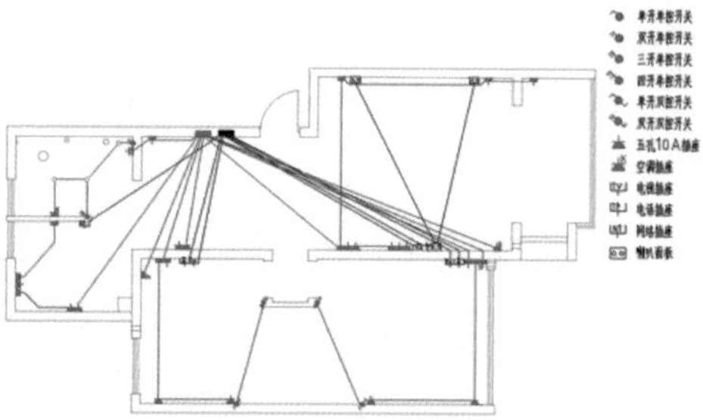
图 1-17 电路图

这个阶段橱柜是需要最早订的，瓦工没贴砖的时候就对厨房进行测量，来确定水路、电路的铺设，水电完工后就需要铺贴瓷砖，因此要尽早选购瓷砖。需要注意的是厨房卫生间的墙砖质量要求不是很高，可以选择品牌砖的特价款就可以。

2. 水电改造阶段（此阶段需准备主材：马桶、水盆等洁具）

水电改造是个工程量很大的项目，控制不好业主可能需要多花几千甚至上万的冤枉钱，水电改造需要墙面剔槽、铺设水路及电路线管（见图 1-18），与设计沟通好你放置家电的位置，以备留好插座，注意插座宁多勿少。客厅沙发的两边留好插座位置、餐厅桌子下面、阳台也要留插座，卧室必须是双控，否则冬天晚上起来开关灯是件很痛苦的事情，床的两边留好插座位置，床头对面以后可能要安装电视，要留好电视网络线，此外，厨卫也要留好插座，需要提示的是马桶位置，留个电源口，以后可以改换智能马桶，厨卫的插座位置要安装防水罩，此外要计算好家具的尺寸，否则尺寸过大，插座有可能被挡住。水的改造要注意洗衣机要留好下水。

水的改造如果自己购买水管时，常用 PPR 管（见图 1-19），在购买时有主材和配件两部分，购买前要与老板问好，配件多少钱？主材多少钱一米？配件能占到利润的三分之一，如果只问主材价格，真的就成了菜鸟！此外，水管包括冷水管和热水管，热水管可以当冷水管用，但冷水管不能当热水管用。电的改造最好包含在合同中，因为如果自己单独找电工改造时是按照米进行计算，具体用多少米业主是无法把控的，如果不想“被宰”业主一定要牢记，水电改造尽量一起包给装修公司！另外，一定要在合同书上明确标号电线的规格，大功率电器用 4.0mm，结果工程队给用了 2.5mm，造成后期电线短路等安全问题，电线的规格业主一定要监理好！电线都是穿在 PVC 管中，暗埋在墙壁内，注意监督工人不要在管内打结，容易造成安全隐患。

图 1-18　穿管走线

图 1-19　PPR 管及配件

开关、插座的数量和位置应该考虑三个方面（见表 1-1）：空间的功能设计，主卧、次卧、书房等；电器、家具的摆放位置和大致尺寸；家人的生活习惯，比如，喜欢在家吃火锅的话餐桌旁最好留个插座，注意尽量不要选择地插，价格较贵且在地上挺碍事。

功能空间与插座　　表 1-1

功能空间插座的数量	
客厅	电视、机顶盒、DVD、音响、饮水机、空调、落地灯、电话、有线电视、路由器
卧室	两个床头灯、空调、有线电视、落地灯、手机等数码产品充电
书房	台灯、电脑主机、显示器、音箱、空调、充电、其他小电器
卫生间	洗衣机、吹风机、电热水器、智能马桶
厨房	电冰箱、油烟机、微波炉、电饭锅、电磁炉、豆浆机
阳台	照明开关、备用开关，根据阳台的功能再适当增加

开关、插座 10 位置（见图 1-20）：

①开关应离地面在 1.2 ~ 1.4m 之间，多个开关安装在同一高度（客厅、卧室等进门处应该考虑安装双控开关）；

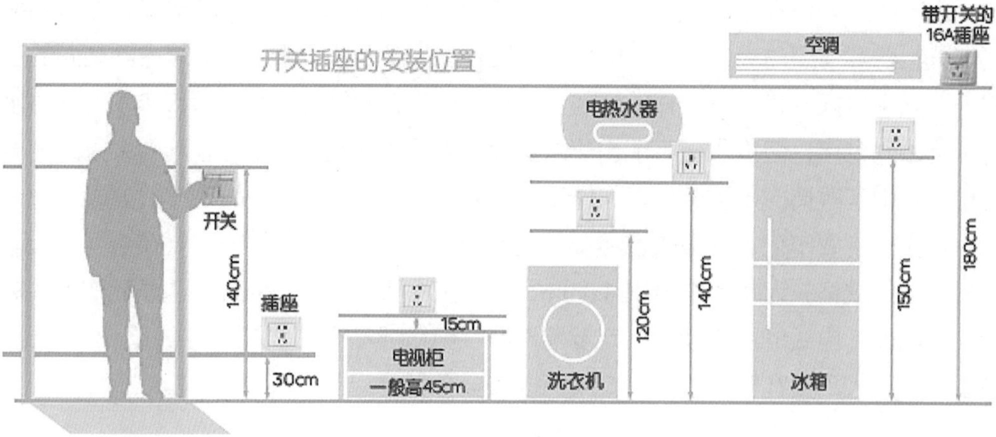

图 1-20　开关插座位置

②几个开关并排安装或多位开关，控制电器的位置与开关功能件的位置对应，例如，最右边的开关当控制相对最右边的电器；

③插座一般距地面 0.3m，多个插座安装在同一高度（图 1-21）；

④洗衣机的插座距地面 1.2 ~ 1.5m；

⑤电冰箱的插座距地面 0.3m 或 1.5m（根据冰箱位置及尺寸而定）；

⑥空调、排气扇等的插座距地面为 1.9 ~ 2.0m；

⑦电热水器的插座应在热水器右侧距地 1.4 ~ 1.5m 安装，注意不要将插座设在电热水器上方；

⑧露台的插座距地当在 1.4m 以上，且尽可能避开阳光、雨水所及范围；

⑨厨房插座不要装在灶台上放，防止过热，不要把开关装在太靠近水的地方，若装在开放式阳台、靠近水槽、卫生间湿区等位置，记得用开关插座专用防溅盖；

⑩厨房如有烤箱、微波炉等，考虑橱柜内部设置开关和插座。

马桶（见图 1-22）、水龙头等卫生间洁具需要提前购买，一般情况下，马桶、花洒、水盆等都是由卖家安装，一般网上购买，也可以线下安装，服务质量都是不错的。

3. 瓦工阶段（此阶段需准备主材：墙砖、地砖、卫浴）

水电改造之后，瓦工开始前，卫生间、厨房要做防水（见图 1-23），否则你的墙面会变黑发霉、你楼下的邻居会变成“水帘洞”，卫生间的防水一般可以做到 1m，淋浴的位置至少要 1.8m，其他墙面至少 30cm 高，防水完成 24h 后，要进行闭水实验，首先应检查防水的涂层表面是否平整光滑、有无开裂现象，阴阳角、地漏、水管根部是否进行修补处理，闭水实验（图 1-25）这里有个小窍门，找一个超市的袋子，将砂子装到袋子中，堵住下水口，将卫生间放满水，待 24h 后查看水位情况，如果水位没有变化，那说明防水做得非常成功，一定要把防水做好，否则后患无穷。厨房地面根据需要，有时也不用做防水。

瓦工主要是铺贴地砖、墙砖，一般情况，地砖都是采用大砖，例如 800mm×800mm，墙砖都是小砖，砖的颜色需要注意，楼层低，采光不好尽量选用浅颜色砖，墙砖的腰线（图 1-25）需要单独购买。

图 1-21　插座高度一致

图 1-22　连体坐便器

家装妙招－如何挑选马桶

马桶每天都要用到，噪声要小、冲水效果好，不能选用太差。在选购时要注意：坑距，是指墙到孔的中心距离，当你辛辛苦苦将马桶搬回家时，发现装不上，就是没有测量好坑距，目前有 30cm、35cm、40cm、45cm 等；冲水方式，可以选择虹吸式或混合虹吸式，容易冲洗，不容易反味；表面，用手摸上去没有凹凸不平，手感细腻，在光线的照射下，表面没有细孔；价格，高质量马桶，价格在两三千，普通价格在一千左右。

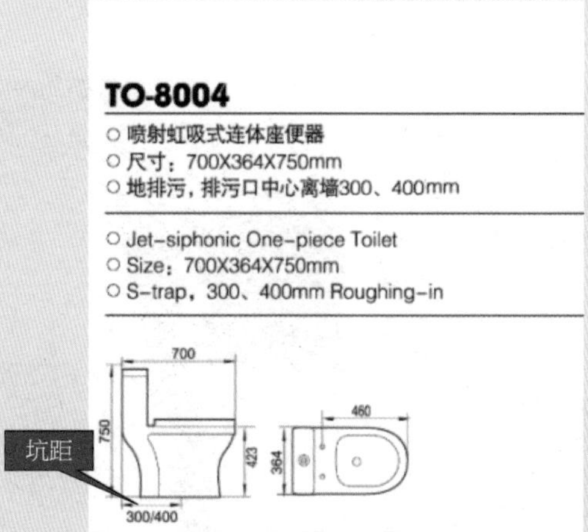

图 1-23 卫生间防水

图 1-24 闭水试验

图 1-25 墙面腰线

无论是墙砖还是地砖铺贴时一定注意好铺贴质量，砂浆的饱满程度，否则产生空鼓，造成脱落，业主需要时不时地监工！有些瓦工偷工减料，水泥沙子少，贴砖时只用一点点，根本就不牢靠（图 1-26）！还要看地砖、墙砖的平整程度，瓦工完成后，业主也可以通过敲击听声音的方式检查有无空鼓情况（见图 1-27）。另外，好的瓦工切割后饰面砖的废料是很少的，毕竟每块砖都是花几十块钱甚至上百块钱购买的。待瓷砖贴好后需要橱柜设计师再次量尺，然后尺寸发给厂家后开始做橱柜，而这个时候也可以对卫生间的淋浴器等开始量尺和购买了。

图 1-26 墙面空鼓

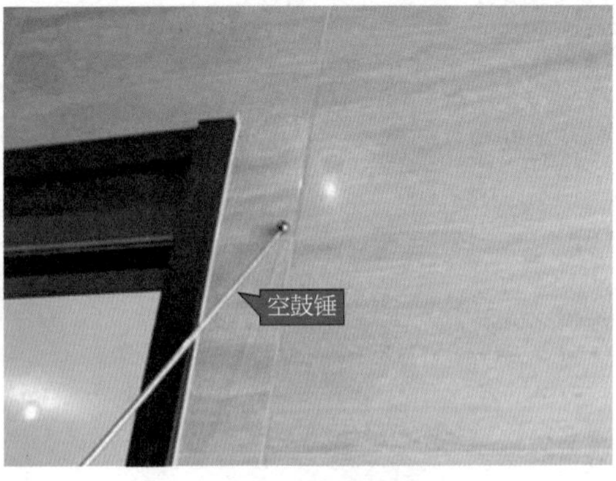

图 1-27 墙面敲击听声音

4. 木工阶段（此阶段需准备主材：门、吊顶、浴霸、排风扇等）

装饰阶段一般是先湿作业后干作业，木质家具能买则买不建议木工打家具（首先手艺好的木工是很难找到的，及时打好家具，后期的油漆工也很难找，此外现场打的家具一般都是固定的，后期想更换的时候很难。）木工阶段如果让木工师傅开始打制家具（图 1-28）或要买成品家具，就需要请商家进场量尺，特别是木门，需要留出门口及地板高度。当需要做吊顶时，建议选用轻钢龙骨石膏板吊顶（图 1-29），因为木龙骨吊顶容易受潮变形。

图 1-28 木工作业

图 1-29 轻钢龙骨石膏板吊顶

5. 油工阶段（此阶段需准备主材：墙纸、灯具等）

油漆工是在木工完工后进行装修，包括刮腻子（见图 1-30）、贴壁纸（见图 1-31）、喷油漆等工作。刮腻子前需要注意对墙面开裂部位提前粘贴网格布，防止刮腻子后墙面开裂。有铺贴壁纸的部位，刷完墙后，要预留空调位置，并钻好空调洞。墙面裱糊壁纸，部分商家提供贴壁纸服务。也有业主喜欢硅藻泥，感觉环保、美观。

图 1-30 刮腻子

图 1-31 墙面贴壁纸

6. 安装阶段（此阶段需准备主材：橱柜、木门、灯具等）

安装部分包括橱柜、集成吊顶、木门安装、地板安装、灯具安装等，所有这些都是由卖家免费安装。安装部分要选择口碑较好的品牌。提醒业主的是，在装饰公司的预算中，严防出现重复计算的问题，例如一套门 1800 元，装饰公司又加了门的安装费用 200 元，这明显是错误的，因为买门都是免费安装。

厨卫吊顶，一般选择集成吊顶（见图 1-32），同时安装防潮吸顶灯、排风扇、浴霸等辅助设施；橱柜上门安装：施工进行到了这里，在橱柜公司定制的橱柜差不多也到了交付日期了，可以预约上门安装了；木门安装（见图 1-33）：在专业的制门公司预订，质量上更有保证，不易变形，需要提醒业主，门的五金、合页、门锁、地吸、玻璃等需要单独购买；地板安装：无论实木地板、复合地板都可以由地板公司进行安装，业主需要注意木地板的铺设方向，木地板的长向一般朝向有窗的方向，如果没有窗，地板的长向与房间的长向一致；开关插座安装：开关插座一般有三孔和两孔之分。对于干燥地面，一般可采用两孔插座。插座的规格型号要符合要求；塑料板、安装盒的强度要够，平整，无变形；灯具安装：受房屋层高的影响，需预留吊灯、壁灯的排线。根据喜好挑选灯具时，不仅要考虑到视觉效果，还有质量和安全性的因素；洁具安装：一般认为冲落式马桶耗水量较大，而虹吸式马桶较为省水，现在市场上也有很多设计感强的洁具供选择，不再局限于传统的造型。

图 1-32　厨房集成吊顶

图 1-33　木质内门

7. 软装阶段（此阶段需准备主材：家具、家电等）

硬装能够保证家庭装修中最基本的使用功能，软装才是提升室内氛围的最关键手段。软装开始前要进行卫生彻底清洁，其他家具、家电才能进场，如果情况可以，找一位软装设计师陪同你慢慢挑选每一件家具和物品，沙发、衣柜等家具的预订需要一个较长时间，建议可以在装修开始的时候预定家具，等装修完了可以早些搬入，挥发掉有害气体。此外，家具的风格款式多样，如果在装修前就能够考虑，会和装修的风格相得益彰；除了家具之外，电视机、冰箱等较大家电也可以按照设计好的位置进场；窗帘要最后安装，因为如果安装早的话，容易弄脏，也不容易清洗，其次就是购买墙面挂画配饰及绿植。

8. 如何降低甲醛危害

初步装修完成的房子会有刺鼻性气味，是因为有毒性、致癌性污染物，特别是甲醛。

污染物主要来源于各类板材、油漆、贴壁纸、木地板、胶水材料、化纤地毯等。甲醛的危害会引起过敏性皮炎、色斑，如果体内的甲醛达到一定程度会引起水肿、眼睛刺激、头痛，甲醛是一种基因毒性物质，可引起人体基因突变，长期接触会造成白血病等。

如何尽可能地降低甲醛危害？装修越简单越安全；使用 100% 纯实木家具更加安全（木材用福尔马林做防腐处理的除外）。对于孕妇、儿童生活的环境，一定要倍加注意，尽可能全面清除甲醛（见表 1-2）。

清除甲醛方法　　表 1-2

方法	介绍	图片
开窗通风	最简单最经济的方法是开窗通风，需要注意的是特别是温度高的天气，可以隔 1 天开窗一次，因为甲醛是在达到一定 的温度后才会散发出来。采用开窗通风法需要有足够的时间和耐心，一般为三个月到六个月	
光触媒技术	这是专业去除甲醛公司常采用的方法，在光的作用下，对室内甲醛、苯、二甲苯等有害气体进行催化分解，可以适当使用光触媒精油、皮革除甲醛护理液等，需要注意的是光触媒需要在有光的条件下才能反应，光照越强越好	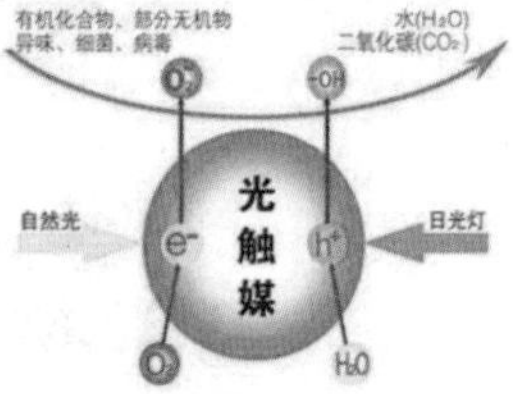
活性炭	活性炭对甲醛等有害气体具有吸附和分解的作用，没有任何的化学添加剂，具有孔隙多而密的特点，对人类健康没有影响，但活性炭有饱和性，而甲醛等有害气体是持续挥发的，因此作用有限。注意一定要买对活性炭，不要拿竹炭等孔隙大的东西充当活性炭	
空气净化器	可以吸入颗粒物及异物味，原理与活性炭差不多，一般的净化器都是通过活性炭过滤片对甲醛等有毒物质进行吸附过滤	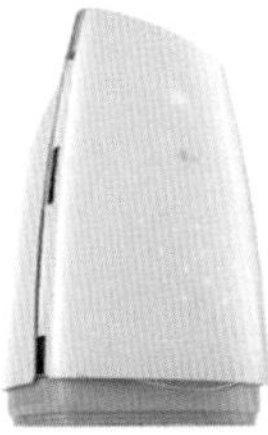
绿色植物	室内在轻中度污染，采用绿色植物净化能到达比较好的净化效果，例如吊兰、绿萝、芦荟等	

家装妙招 - 选花卉

装修用的板材、油漆等会释放出甲醛、苯等有害气体。家用电器越来越多，辐射也多，清除有害气体除了通风，室内也可以养花，净化空气。另外买花可以去当地的花卉市场，经济实惠。

名称	花卉	介绍
吊兰		24h 内可以过滤 86% 的有害气体，相当于一个空气净化器，一盆吊兰满足 8 ~ $10m^2$
龙舌兰		一盆龙舌兰可在 $10m^2$ 室内，过滤 70% 的苯、50% 的甲醛和 24% 的三氯乙烯
虎尾兰		虎尾兰白天释放大量氧气，一盆虎尾兰可吸收 $10m^2$ 室内 80% 以上多种有害气体
芦荟		芦荟 24h 内可吸收 90% 的甲醛

第 2 章　墙体拆改施工

2.1　警惕！墙体拆改雷区，不能碰！

有的业主甚至装修队只知道不能拆除承重墙，其实这是片面的想法，具体哪些墙体不能拆除呢？

（1）室内的梁柱不能拆（见图 2-1 室内梁）！梁柱是用来支撑上层楼板，拆除梁柱有可能造成上层楼板的塌落，非常危险。此外墙体里面的钢筋不能动，特别是在墙面剔槽时，如果破坏了钢筋，影响墙体对于楼板的支撑力。

（2）墙体厚度超过 24cm 不能动！墙体厚度超过 24cm，一般为承重墙，可用卷尺测量墙厚，特别是砖混结构，不能轻易拆除和改组。如果拆除了承重墙，会造成严重的质量后果。如承重墙的拆除，需要原设计单位给出修改、加固设计方案，才能对承重墙拆改。

（3）轻体墙拆除，需谨慎！有些轻体墙也承担着房屋的部分重量，拆除后也会破坏房屋的质量，特别是梁下面的轻体墙（图 2-2）。具体哪些轻体墙可以拆除，业主可以找物业要图纸且与物业沟通好，避免以后的问题。

图 2-1　室内梁

图 2-2　梁下轻体墙

（4）卧室与阳台的矮墙不能动（图 2-3）！卧室与阳台之间一般墙上都有一门一窗，门窗可以拆改，但窗以下的墙体不能拆，因为这段墙是“配重墙”，如果拆除这段墙，会使阳台的承重力下降，导致阳台下坠！此外，还有窗间墙、门窗边墙体，这些墙体在结构中主要承担竖向荷载和水平地震力的作用。

图 2-3　卧室与阳台之间的墙体

（5）严禁承重墙上开门窗洞！承重墙是指上面搁置楼板、大梁或屋面墙的墙体，承受以上楼层的楼板、大梁等传来的荷载与静荷载及墙体的自重，并把这些荷重传给下层墙体直至地基基础。在承重墙上开门窗洞，直接破坏和削弱承重墙的承载能力，破坏房屋的整体性和抗震性！

如果拆改墙体，一定要找有经验的人或公司来看，了解墙体结构再做决定。此外，墙体拆改施工前要报物业管理部门备案，得到批准后方可施工，否则会造成不必要的麻烦。房屋是框架结构，一般外墙为承重墙，但要注意室内柱，如果是二手房改造，特别是砖混结构的墙体，一般来说，砖混结构的房屋所有墙体都是承重墙，是不能动的。

家装妙招 – 拆墙前报物业审批

楼房竣工后，原设计单位给物业公司留一份室内结构图纸，图纸上对承重墙与非承重墙厚度和材质进行了说明，物业公司能够清楚哪些墙体是可以拆除，哪些墙体不能拆，业主在墙体改造之前，必须把设计师给的墙体改造图送到物业公司，得到物业的批准后才能施工。

2.2　非承重墙拆除监理要点

2.2.1　拆除范围

轻体砖或泡沫砖砌筑墙体、厚度在 100mm 以下的非承重墙体。

家装妙招－鉴别非承重墙技巧

（1）通过图纸判断，看建筑图纸是分辨承重墙与非承重墙的最直接的方法，一般都有标注；（2）通过敲击墙体，听声音进行判断，回声比较大，且清脆的是非承重墙，声音低沉的是承重墙；（3）看位置，卫生间、厨房及过道一般为非承重墙，建筑外墙及与邻居共用的墙为承重墙；（4）看厚度，非承重墙一般为10cm厚，承重墙一般为24cm左右。

2.2.2 工艺流程

弹线→切割墙面处理→墙体分离→清扫施工现场。

2.2.3 监理要点

1. 弹线

根据施工图用激光旋转水平仪（见图2-4）在墙、地面定位弹线，标出需拆除的位置（见图2-5）。

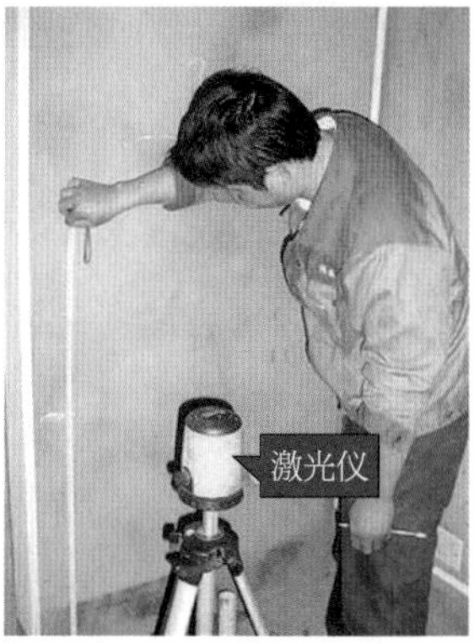

图2-4 激光仪定位

图2-5 红外线定位墙体拆除位置

机具介绍－激光水准仪

主要适用于室内、机电安装，进行水平、垂直、斜坡划线，以及高度传递和设定直角，操作只需在表面投射一根线，遥控调节所投线的长度和位置，操作简便。

2. 切割墙面处理

拆除墙体时，需要先确认墙内水电管道位置和墙内电线是否断电。见图 2-6。

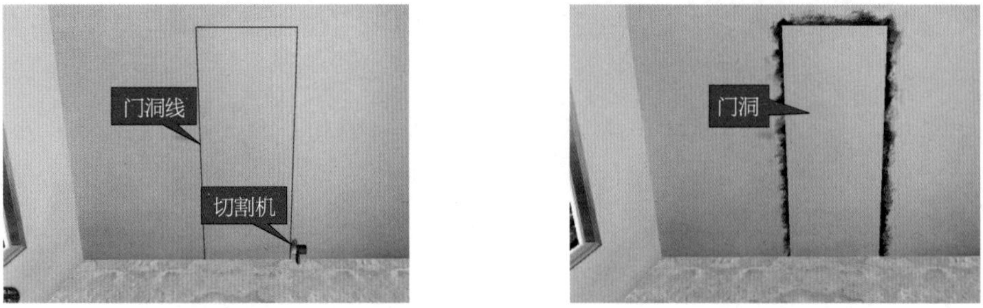

（a）　　　　　　　　（b）

图 2-6　墙面切割

（a）墙体用切割机切割墙体；（b）切割出门洞

机具介绍 – 切割机

可以切割门孔、窗户或电梯孔等大面积墙体切割。结构无损，一次成型，除了可避免传统师傅敲打施工对建筑物结构的伤害；钻圆形排孔方式的消耗时间、物力、人力外，更可以节省大量休整时间费用。

3. 墙体分离

手锤拆除非承重墙，当混凝土结构非承重墙用电锤打孔，然后用手锤砸墙体（见图 2-4 拆除墙洞）。

4. 清扫施工现场

用铁锨等工具将建筑垃圾清理出去，保持施工现场卫生（见图 2-8）。

2.2.4　施工监理要点

轻体砖或泡沫砖砌筑墙体、拆除门窗等情况时，需及时在洞口顶部做加固处理（洞孔顶部做混凝土过梁）。在拆除过程中，必要时用水喷洒施工现场，并在拆除建筑物室内洒水降去浮土，尽可能的将扬尘降低到最小范围之内。

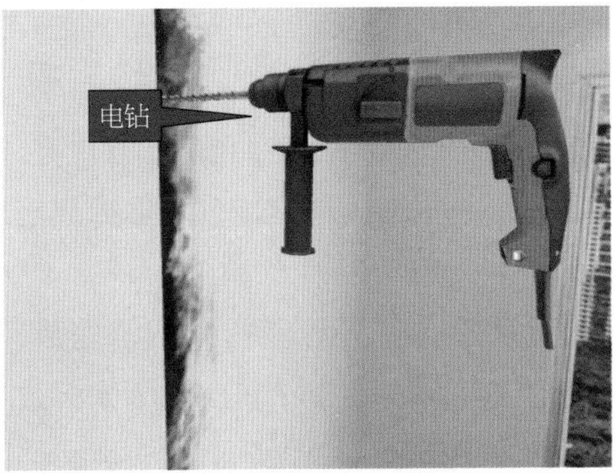

(a)

(b)

图 2-7 拆除墙洞

(a)混凝土结构承重墙用电钻打孔;(b)手锤拆除多余墙体

机具介绍 - 电钻

主要用于建利用电做动力的钻孔机具。是电动工具中的常规产品，也是需求量最大的电动工具类产品。电钻主要规格有 4mm、6mm、8mm、10mm、13mm、16mm、19mm、23mm、32mm、38mm、49mm 等，数字指在抗拉强度为 390N/mm^2 的钢材上钻孔的钻头最大直径。对有色金属、塑料等材料最大钻孔直径可比原规格大 30% ~ 50%。

(a)

(b)

图 2-8 清理现场

(a)用铁锹把拆除的墙体打扫出施工现场;(b)用扫帚清理剩余垃圾，并洒水释尘

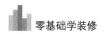

2.3 教你看透墙体拆改费

为了获得一个满意的空间，业主也是花了很大的心思，拆东墙补西墙。不过，在拆改墙体前需要看看自己的腰包允不允许，是否在自己能承受的范围之内。墙体拆改是需要单独收费的，除非在合同中已经有明确的说明，否则又被当成了“小白”。

首先，你要明白墙体拆改费用包括哪些？一般包括拆墙费、搬运费、垃圾清理费等。要明确需要拆除的对象有哪些，如果自己能动手拆除的，可以先拆；其次，墙体拆改的面积要计算精确，我们要事先测量一遍大概需要拆改多大的面积，做到心中有数，装饰公司一般是按照平方米进行收费；墙体拆改的费用，包括普通的拆墙费、砌筑人工费等；另外，墙体基础的处理也会收费（不仅针对的是拆改墙体，未改动的墙体也包括这部分费用），铲除原来的腻子层、修补空鼓、线槽、墙面裂纹贴绷带等，墙体拆改费用现在很多装饰公司以平方米计算；此外还有建筑垃圾清理托运的费用，都要与对方协商清楚，避免装修过程中产生不必要的纠纷。

2.4 砌筑隔墙施工监理与验收

2.4.1 适用范围

新建及二次改造非承重墙的砌筑，结构填充墙体、室内轻质隔墙的砌筑。

2.4.2 施工准备

1. 现场准备

（1）非承重墙体与墙地面连接部位必须进行清洁处理，清除掉位于墙、地面上的灰土、油污及杂物。若有空鼓、起砂则须提前剔除，并除去松动颗粒。若为光滑的混凝土表面则应进行凿毛处理。

（2）施工管理人员首先熟悉图纸、砌筑方案，并要对所用验收规范、标准进行学习理解并掌握。

（3）水电及各种管线已安装完毕，并且已经验收合格。

2. 材料准备

材料准备　　表 2-1

材料名称	要求	图片
砂浆	水泥强度等级采用 42.5，注意 3 个月内保质期，不同种水泥严禁混用注意防潮；砂子采用中砂或中粗混合砂，严禁采用细砂或海砂	

续表

材料名称	要求	图片
砌块	有空心和实心，砌块分为小型砌块，小于 380mm；中型砌块，高度为 380 ~ 980mm；大型砌块，大型砌块，高度大于 980mm	
钢筋	ϕ6 水平拉结筋、ϕ8 膨胀螺栓或化学锚栓	

2.4.3 施工流程

施工准备→弹线→砂浆搅拌→隔墙基础砌筑→墙体砌筑→墙体顶端处理。

2.4.4 监理要点

1. 墙面弹线

依据施工图纸依次放出轴线、砌体边线和洞口线，墙面每层砖的砌筑线，并准确标出墙体拉结筋的位置，并用电锤打孔以固定 ϕ8 膨胀螺栓或化学锚栓。

图 2-9 激光水平仪定位弹线

2. 砂浆搅拌

在使用成品砂浆砌筑时，环境和材料的温度及水温都不能低于 10℃。按包装说明加入定量清水，用电动搅拌机均匀搅拌，待静置 5min 后再稍加搅拌即可使用。灰浆必须在拌成后 2h 内用完，严禁加水再次搅拌使用。砂浆的使用应随拌随用，严格按照产品说明使用。

3. 隔墙基础砌筑

墙底部先根据墙体厚度采用普通机制砖、水泥砖作为墙体，基础高度约 200mm，或现浇混凝土坎台，其高度不宜小于 200mm。见图 2-10。

机具介绍－电动搅拌机

电动搅拌机：可搅拌普通混凝土和轻质混凝土，能减轻施工人员劳动强度，提高拌合物质量。

图 2-10　基础砌筑

4. 墙体砌筑

（1）砌体材料砌筑前，清除表面浮灰，不需要用水湿润。

（2）砌块砌筑时应错缝上下搭砌，交接处应咬槎搭砌。关于砌块搭砌长度，蒸压加气混凝土砌块不应小于砌块长度的 1/3，轻集料混凝土小型空心砌块不应小于 90mm，砌块破坏严重的禁止使用。不得在墙体上设脚手架孔，需要时应使用移动脚手架。见图 2-11。

图 2-11　放置砌块

（3）空心砖、轻集料混凝土砌块，小型空心砌块、蒸压加气混凝土砌块使用成品砂浆砌筑，水平灰缝与竖向灰缝均应为 10mm，灰缝砂浆饱满度不得低于 90%，灰缝内要求灰浆饱满，严禁出现透明缝，及时用铲刀将砖缝挤出砂浆刮除。砌块砌筑时需拉水平线，灰缝要求横平竖直，不得出现上下通缝，严禁冲浆灌缝。见图 2-12。

图 2-12　水泥灰缝

（4）砌体结构沿墙高每 500mm 设置 2 根 $\phi 6$ 水平拉结筋，拉结筋与结构墙进行有效固定，通常采用膨胀螺栓固定。所有砌体结构均使用通筋拉结。若砌体结构墙高度超过 3m 宽度超过 4m 时，墙体中间位置要增设混凝土构造柱，构造柱钢筋必须与顶板有效连接。门洞口加设 50mm 厚的包框。

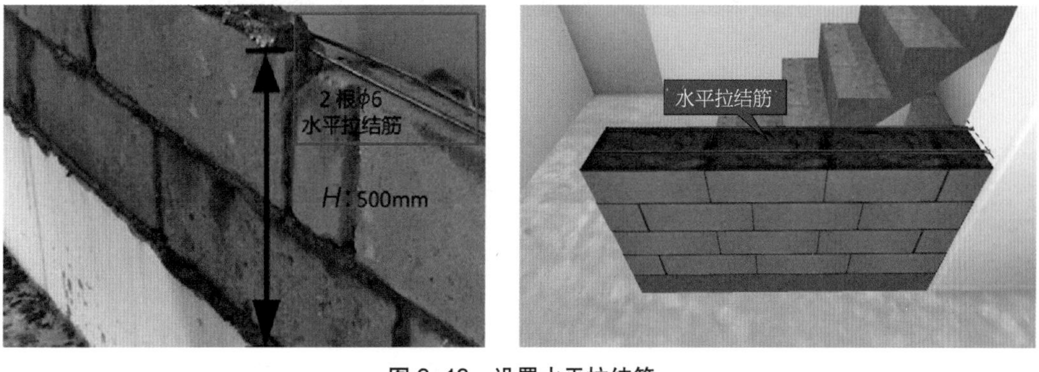

图 2-13　设置水平拉结筋

（5）拉结筋与原结构墙体连接方法：用 $\phi 8$ 膨胀螺栓紧固在结构墙内，外露部分焊接 $\phi 6$ 水平拉结筋，或者采用化学锚栓植筋，植筋深度不小于 100mm。

图 2-14　与墙体有效连接

（6）门窗洞口上方须设置过梁，现浇 120mm 墙宽厚混凝土过梁，4ϕ10 钢筋，箍筋 ϕ6@200，过梁须伸入两端墙体不得小于 250mm，主筋与箍筋用火烧丝绑扎牢固。门框处需要设置 50mm 宽的混凝土抱框，2ϕ6 钢筋的下端固定于地板，上端锚固于过梁上，墙体部分需同拉结筋进行拉结。

图 2-15　门洞过梁

家装妙招 - 砌筑注意事项

施工前，砌块应提前两天浇水润湿，不要现浇现用，严禁干砖上墙；砌筑砂浆应随拌随用，砂浆拌合后 3h 内用完，硬化后的砂浆不得再加水搅拌使用；砌筑砂浆中砂子采用中砂，不能用细砂或者海砂（海砂可以通过闻气味的方式来确定）。

5. 墙体顶端处理

砌块砌筑不得顶到顶板，需要留设 200mm 左右的空间，待墙体砌筑完毕后，静置 48h，然后使用机制砖斜砌在预留空间内。见图 2-16。

图 2-16　隔墙顶部处理

2.4.5　教你如何验收砌筑隔墙

砌筑隔墙完成后，注意砌块缝隙间砂浆需填满，不得透缝，除此之外，需要检查砌筑后隔墙的垂直度、平整度、门洞口等。见表 2-2。

检查内容　　表 2-2

项次	项目		允许尺寸（mm）	检验方法
1	轴线位移		10	拉通线检查
	垂直度	小于或等于 3m	5	用 2m 托线板或吊线检查
		大于 3m	10	
2	表面平整度		8	用 2m 靠尺和楔形塞尺
3	门窗洞口高、宽		±5	用尺检查
4	外墙上、下窗口偏移		20	用经纬仪或吊线检查

2.4.6　监理注意事项

（1）成品砂浆须严格按照使用说明进行加水，严禁过量加入。

（2）钢筋进行接长时，两头需要弯钩处理。

（3）若有新旧墙体连接时，新砌筑墙体不得在完工后立即进行砂浆抹面施工，需静置几天，待灰缝完全干燥后方可进行抹面作业，新旧交接处应加设钢丝网进行加强处理。

（4）楼梯间和人流通道的填充墙，尚应采用钢丝网砂浆面层加强。

第3章 水电改造施工

3.1 水电改造中的猫腻与解决方法

水电改造属于隐蔽工程，在装修预算中水电改造不容易把控，主要是因为水电改造的费用是按照施工现场实际发生的工程量进行结算，水电改造最终的费用一般要超出装修预算，甚至有业内人士透漏水电的利润能够占整个装修利润的 30%，水电改造到底存在哪些猫腻，这些猫腻如何解决呢?

（1）猫腻一：超低报价

很多装修队或公司为了能拿下装修工程、吸引消费者眼球，故意降低价格，例如水管 8 元 / 米，目前，市场上用的 PPR 水管 10 ～ 15 元 / 米，此价格不算人工费等，在实际报价中故意丢项漏项，合同约定按照实际发生的费用为准，最后可能要补交几千甚至上万。

解决方法：多找装修公司横向比较价格，比较的过程中，业主能够大体了解水电改造的装修内容及报价，比较后签合同，同时合同中明确约定最终的费用与预算的浮动上限，例如 10% ～ 15%。

（2）猫腻二：含糊报价，重复收费

开槽是根据槽的长度进行计算，有的装修公司两根管开一个槽，按照两个槽进行收费，墙面水电路改造时，也有按照承重墙或非承重墙区分收费价格。

解决方法：合同明确好，水电改造按米收费的项目需要弄清楚每项包括什么内容，正常情况下，1m 包括电线、套管及线盒（见图 3-1）。

（3）猫腻三：水电转包

很多装修公司没有自己的装修队伍，接到水电装修活后，转给其他做水电的商户，日后出现问题，装修公司与商户相互推诿。

解决方法：合同中明确装修公司与商户的相互关系，规定保修、维修的承担方。

（4）猫腻四：电路套管少穿线

有些装修队伍或公司，为了增加水电施工的工程量，一根 PVC 管只穿一根或两根线路，造成管线浪费，一般情况下，直径 16mm 的 PVC 管可穿 3 根电源线，20mm 的 PVC 管可穿入 4 根电源线（见图 3-2）。

解决方法：监理套管内电线的根数，明确每根线管内走的线路。

（5）猫腻五：擅自更改方案

有些装修施工队，未经业主同意，不按图纸布线，耗费很多的人工费和材料费。

图 3-1　套管走线

图 3-2　PVC 管穿线

解决方法：一般施工队会根据图纸在墙上画出线路的走向图，认真核对设计图与实际画出的线路图是否一致，防止施工队远距离布线。注意，布线的原则是线路最短、横平竖直。(见图 3-3)。

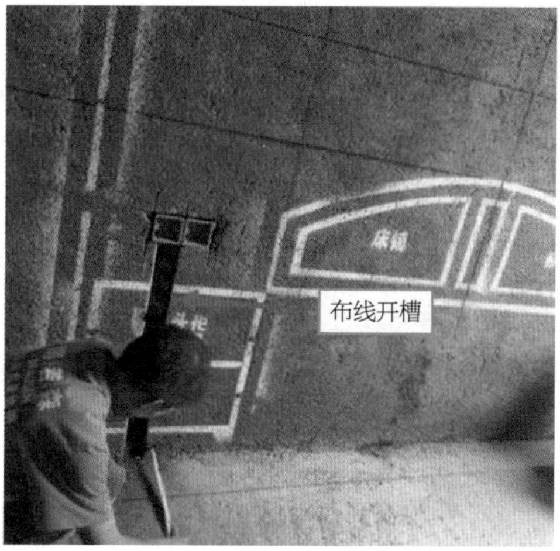

图 3-3　墙面布线开槽

(6) 猫腻六：以次充好

没有明确表明水电管线的品牌或只写品牌不写产品型号，水电施工时用杂牌，更有水管和配件使用不同牌子，不同品牌的水电管线及配件价格差别比较大。

解决方法：合同报价时要求水电改造项目要明确好水电线路及配件的品牌及型号，施工前验收产品，确定正规厂家的正规产品。

(7) 猫腻七：虚报损耗

施工完成后多余的管材可以退给商家，施工现场常有偷工减料或虚报损耗，实际上施工队私扣管线材料。

解决方法：水电改造的管线材料损耗是存在的，正常情况下在 5% 左右，业主要弄清楚哪些地方有损耗，应让工人保留损耗的材料。

（8）猫腻八：无中生有

水电施工完成后，进行实际工程结算时，会出现敲墙辅料费等其他奇怪的费用。

解决方法：签订合同前要认识合同中有哪些模棱两可的表达，并确定这些是否真的有这些费用，如果有装修行业熟人，最好给合同把把关。

综上所述，要解决水电施工中的猫腻，施工前要先设计好水电改造的图纸，明确预算报价单，业主与装修公司或装修队之间所有的沟通内容应明确落实到合同条款中，这样业主就可以控制预算，避免出现被牵着鼻子走的尴尬局面。

业主要把好合同关，捂住自己的口袋，为防止出现不必要的麻烦，注意装修人员改水电合同。首先提前预约水电工上门规划水电设计位置，做出工程量预算，在未改变设计位置的前提下，误差值不超过 10%；水电改造合同要明确各项目的单价及误差值；水管、管件、铜线、UPVC 阻燃电工管等材料的品牌、型号，防止偷换材料；明确水电改造后的后续服务，如果工程出现质量问题，对方如何解决等。

3.2　水电改造前的秘密

家庭装修过程中，水电改造很重要，特别是对于没有装修经验的业主来说，更要借鉴水电改造的经验，水电改造的秘密主要包括以下几点：

（1）做好水电设计。业主事先规划好自己以后要用的家电、开关放置的位置以及水路接口的位置，根据自己实际需求和各种家用设备的型号预留位置，做好水电定位，需要注意的是：橱柜一般由专业的橱柜公司设计，需要橱柜公司提供具体的水路、电路设计图，严格按照设计图进行厨房的水路电路改造。水电改造前，可以放线，确定水电线路大致的改造位置，避免施工时产生不必要的麻烦（见图 3-4）。

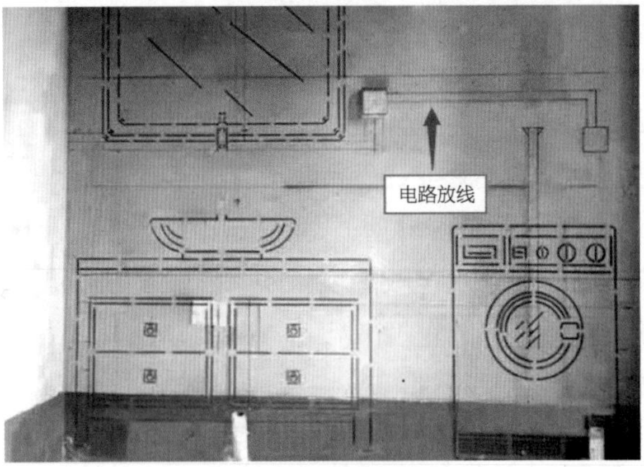

图 3-4　墙面放线

（2）强、弱电要分开走。通常与强电线路连接的是热水器、空调、冰箱等家电，与弱电线路连接的是宽带线、电话线、有线电视等信息设备，强弱电严禁相互接头，需要保持至少 30cm 的距离，防止强弱电电流相互干扰。

（3）水管的选择。一般水管出水口都是 4 分标准接口，条件允许的情况下可以用 6 分水管，水量更大（6 分管、4 分管，就表示管的内径是 6 分的或是 4 分的，是英制长度单位。4 分管管内径 12.5mm，6 分管管内径 19mm）；热水管管壁厚，冷水管、热水管都可以用热水管，更加安全；水管熔接，注意管道的热熔点，选择相对应的热熔机，保证熔接牢固。

（4）电线的布局及分线盒使用。电线在 PVC 管中，管内导线包括绝缘层在内的总截面积不应大于管子内孔截面的 40%，保证电线在管内可以拉伸自如（见图 3-5）。当电源线需要进行分支时，应使用分线盒，以便保证安全和后期维护（见图 3-6）。

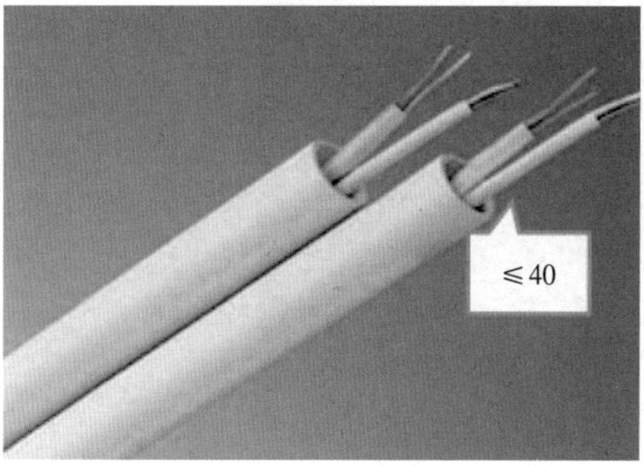

图 3-5　管内穿线

图 3-6　分线盒的使用

布线的技术要求。管路布线要遵循横平竖直（见图 3-7），线管在槽内必须用专用管卡固定，剔槽深度一般为管径的 1.5 倍。空调、热水器必须用专线直供电路，电线线径标准为 BV4mm，插座接线为 BV2.5mm（见图 3-8），房间内照明用电线线径为主线 BV2.5mm，电线在管内严禁接头（BV 是经过国家强制 3C 认证标准的聚氯乙烯绝缘单芯铜线）。

（5）水管是走墙还是顶部？水管尽可能走顶部（见图 3-9），主要原因有两个：一是避免在墙上横向剔槽；二是如果发现水管接头处有漏水问题，漏水时会产生明显的声音，比较容易发现，而且水路走顶部，吊顶容易拆卸，一旦发现漏水问题可以直接打开集成吊顶（集成吊顶开闭容易，无损伤）维修，降低了漏水砸墙的成本。

（6）水电的安全性。水电的安全性要特别留意，装修完成后最好给水管道做打压实验，排水管做一个渗水实验，进行漏电实验、漏电跳闸等，做完改造的水电线路图，最好用手机拍下来留存，日后修复起来更加方便。

图 3-7　布线横平竖直

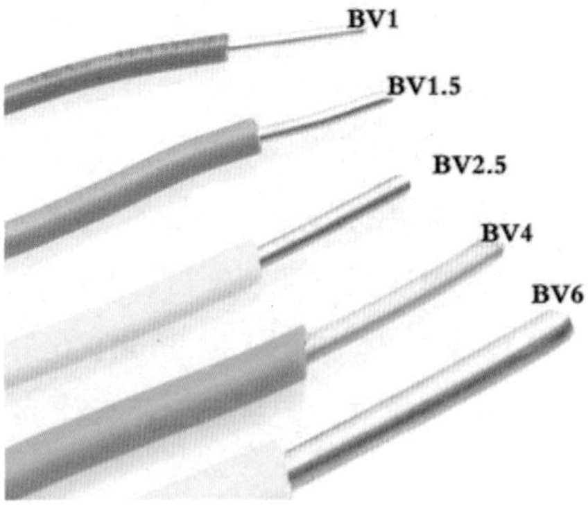

图 3-8　电线线径

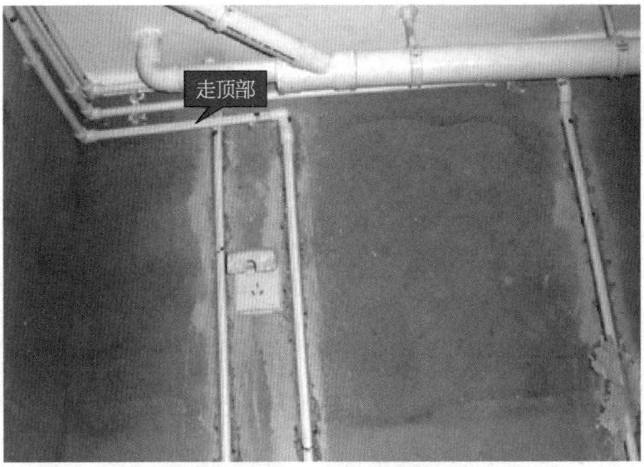

图 3-9　水路走向

3.3　家装改水施工要点

3.3.1　施工流程

弹线→墙地面开槽→裁管下料、管路敷设、热熔焊接→固定管路→打压试验→隐蔽验收→冲洗管道→竣工验收。

3.3.2　材料准备

家装改水施工用的主要材料包括 PP-R 管、固定卡、三通等，需要注意的是水路施工时，管路使用的材质及型号要一致。（见表 3-1）

目前，水路施工时采用管路及配件均为 PP-R 材质，主要因为：

（1）PP-R 管质量轻，重量仅为钢管的九分之一，紫铜的十分之一，重量轻，降低施工强度；

（2）耐腐蚀性，水中的所有离子和建筑物的化学物质与管材不产生化学反应，不会生锈和腐蚀；

（3）导热性低，具有良好的保温性，用于热水系统时，无需额外保温材料；

（4）管道连接牢固，有较好的热熔性，将 PP-R 管及配件很好地熔接在一起，杜绝了漏水隐患。

改水施工材料 表 3-1

材料名称	介绍	图片
PP-R 管	耐腐蚀、内壁光滑不结垢，建议用外径为 25mm，家庭中用水量较多，避免水压低、水流量小问题，另外改水时 PP-R 管时全部选用热水管	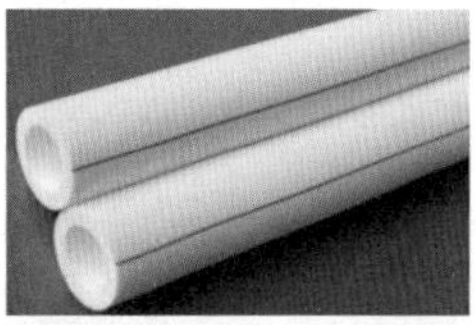
水管固定卡	将 PP-R 管通过固定卡固定在墙面、顶面等	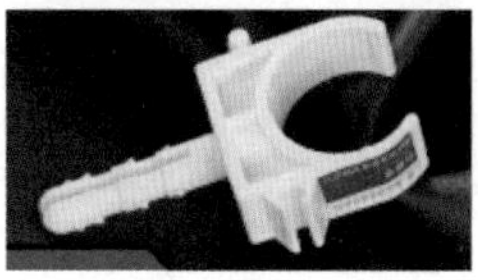
三通	需要将水路进行分支时，可采用与 PP-R 管相配套的三通	
阀门	控制 PP-R 管内水体流动	
过弯桥	相邻管路交叉时采用过弯桥	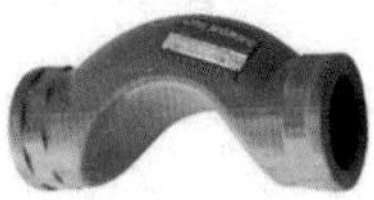

3.3.3 施工要点

1. 弹线

（1）定位弹线，用墨斗根据水管布置图的标识，在墙上测量弹线定位（见图 3-10）。

（2）冷、热水管线应分开敷设，在弹线位置标出“冷”“热”。

（3）冷、热水管道平行安装，要上热下冷，垂直安装应左热右冷，管道平行间距为 150 ~ 200mm（见图 3-11），预留口必须精准，同一组用水器具预留口应保持水平偏差不超过 2mm，且与墙面垂直，距地面的距离相同。

图 3-10 墨斗弹线

图 3-11 冷热水管间距

机具介绍 - 墨斗

墨斗，将墨线一端固定，拉出墨线牵直拉紧在需要的位置，再提起中段弹下即可，主要做长直线。

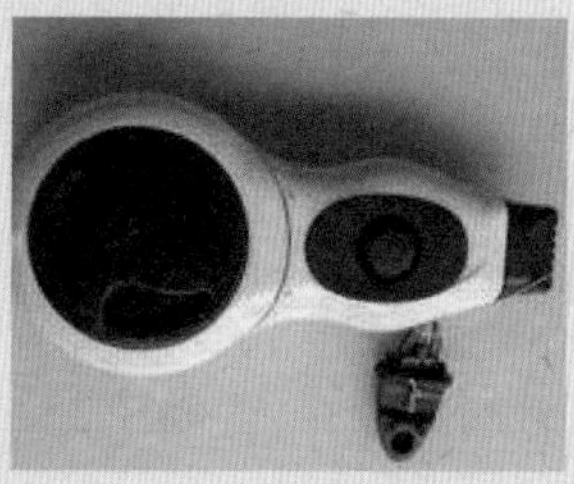

2. 墙地面开槽

（1）墙地面暗管安装，墙地面开槽要横平竖直，墙面不允许开 300mm 以上长度的横槽（见图 3-12）。混凝土墙面剔槽时，遇横向钢筋时可将钢筋弯曲让管线通过，不能切断钢筋，预制梁柱和预应力楼板均不得随意开槽打洞，地面管道区不能开槽，打眼。

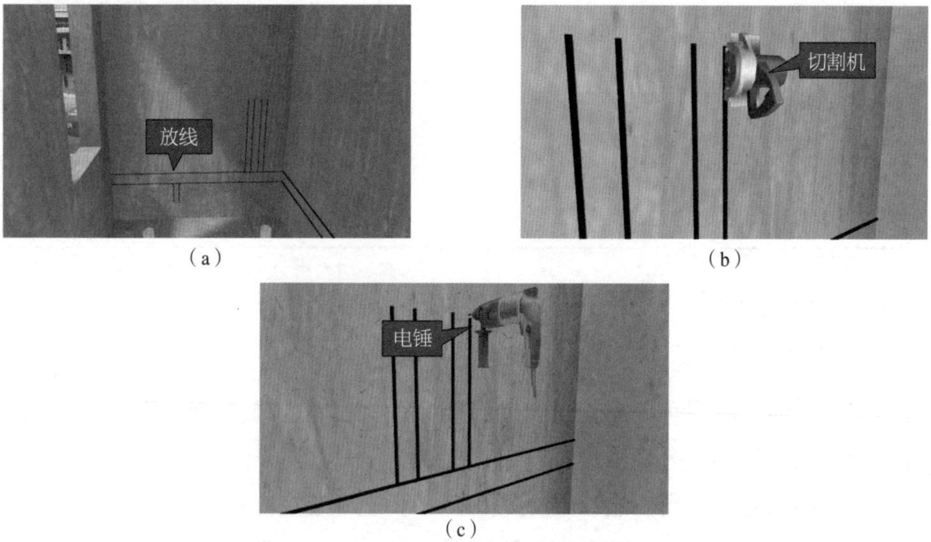

（a） （b） （c）

图 3-12 墙面剔开槽

（a）墙面开槽；（b）用切割机，根据弹好的定位线进行切割；（c）用电锤，在切割的基础上进行开槽

（2）开槽时必须用切割锯按照墨线切到预定深度，然后用电锤剔出孔槽。

3. 裁管下料、管路敷设、热熔焊接

用卷尺，对开槽长度精确测量

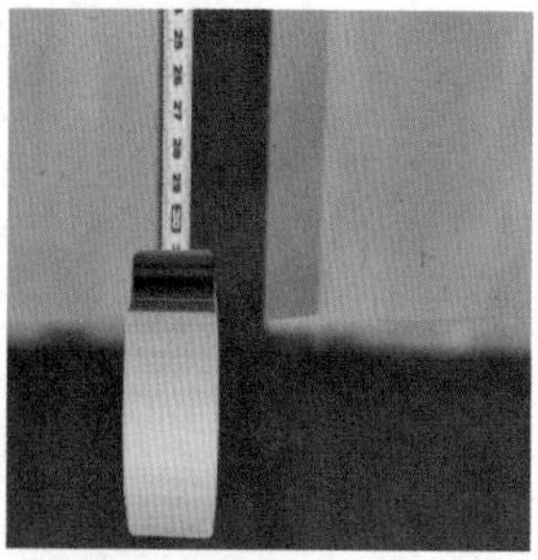

查看读数，确定需要裁切的水管长度

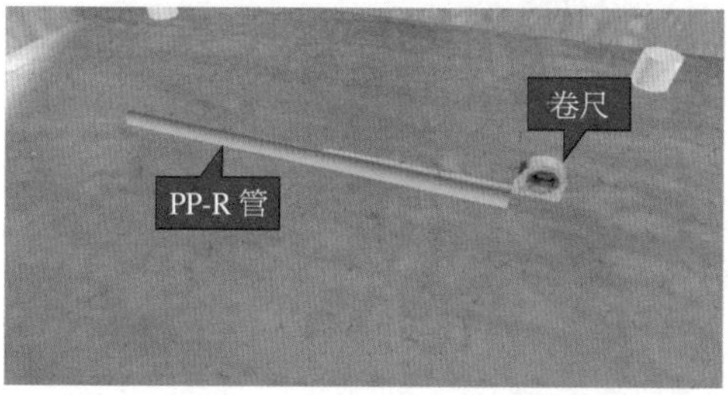

用卷尺，对需要的管道长度精确测量

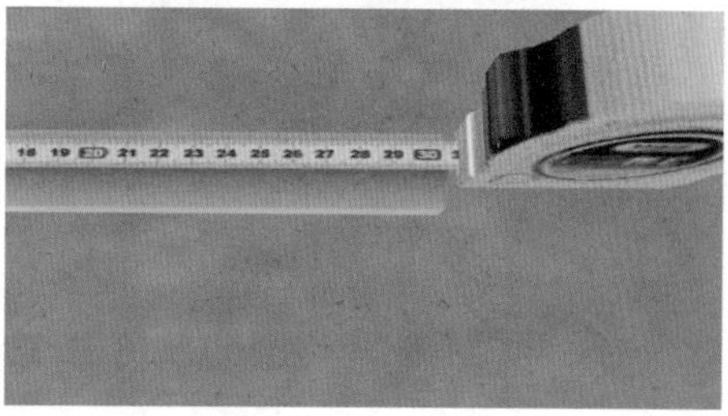

根据测量好的长度裁切

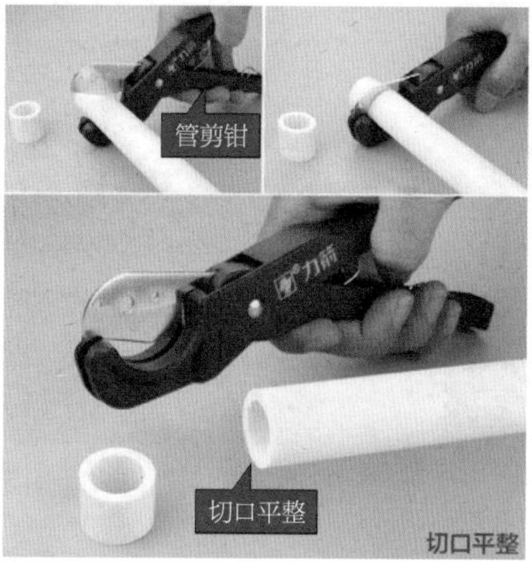

用管剪钳，垂直于管轴线对管道裁切

图 3-13　PP-R 管测量切割

PP-R 管热熔连接：热熔器接通电源，温度达到指示灯亮后方可操作。把 PP-R 管端导入加热套管内，同时无旋转地把管件推到加热管上，达到规定标志处。一般可用心中默读数字法掌握加热时间，当模头上出现一圈 PP-R 热熔凸缘时，即可将管材、管件从模头上取下，把管材、管件从加热套与加热头上同时取下，迅速无旋转地直线均匀插入到所标深度（见图 3-14），使接头处形成均匀凸缘。

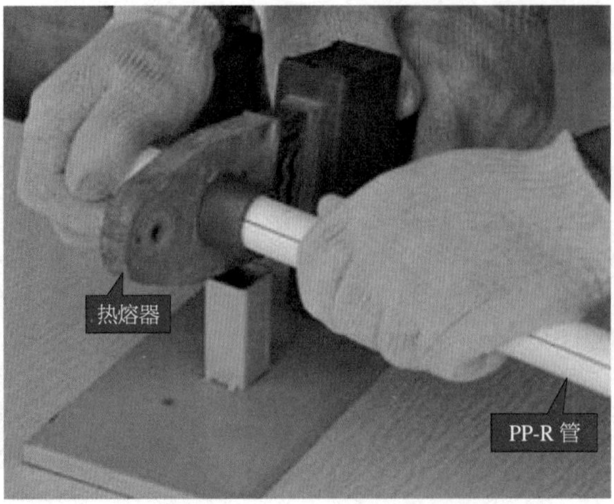

图 3-14 PP-R 管热熔连接

注：熔接时要保证管与管保持处于同一轴线，焊接所有管件应平直、无歪斜，保持管材与管件熔接口处于同一轴线上。

4. 管路固定

（1）固定管道：PP-R 管用配套固定卡固定（见图 3-15），塑料膨胀丝端用电锤打孔，放入空洞中，用来固定 PP-R 管，管卡位置应正确、合理、牢固，不得损伤管材表面（见图 3-16）。

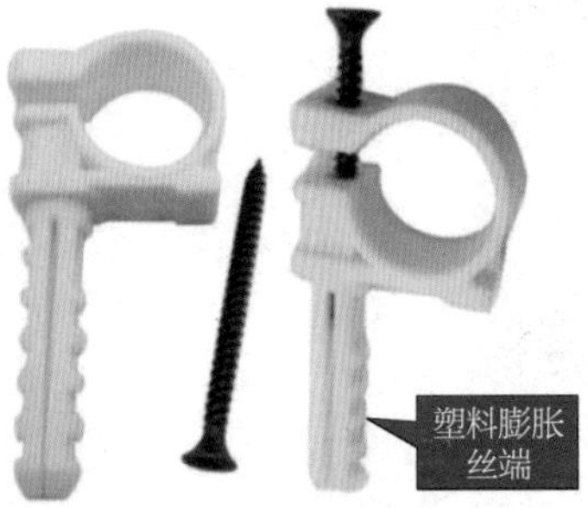

图 3-15 PP-R 管固定卡

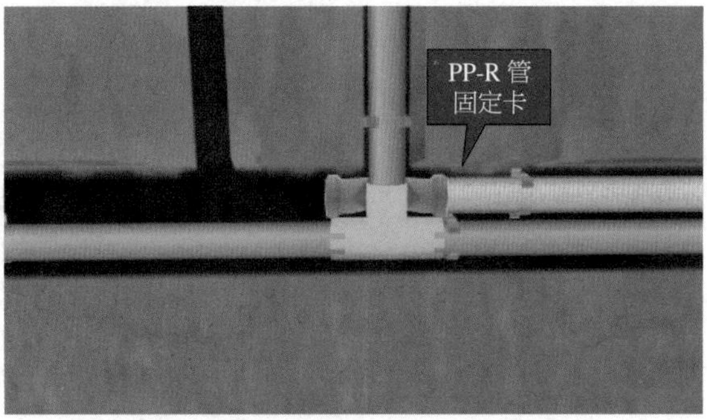

图 3-16 固定卡固定 PP-R 管

（2）室内暗敷管道安装完毕且验收合格后，必须用成品水泥砂浆将开槽处填平（见图 3-17），不可将管道填堵过于密实，最好留有部分余量，防止管道变形。

5. 打压试验

PP-R 管安装完成后一定要打压试验，水管试验一般要求在管道连接安装 24h 后进行（图 3-18）。

6. 管道冲洗

竣工验收前，对给水管用含 20 ～ 30mg/L 游离氯的清水灌满管道进行消毒处理。含氯水在管中应静置 24h 以上，然后放出，用清水冲洗管道。

图 3-17　水泥填平开槽处

将试压管道末端封堵，缓慢注水，同时将管道内气体排除，试压泵，对连接好的水管进行打压试验。	压力表定标为 10MPa，稳压 1h 后，压力下降不大于 0.05MPa，同时检查给水管及格连接点，不得出现渗漏现象。

图 3-18　打压实验

7. 竣工验收

用水器具安装完毕后，对整个给水系统进行竣工验收，填写竣工验收单。

3.3.4　施工注意事项

（1）剔槽不宜过深或过宽，混凝土楼板、墙等均不得擅自切断钢筋。

（2）PP-R 管具有低温冷脆性，施工温度应不低于 10℃。

（3）严禁 PP-R 管与其他管材混接，严禁不同品牌的 PP-R 管或管件混用。

（4）严禁人为冷却熔接部位，必须让其自然冷却。

家装妙招－水路装修要点

（1）同样情况下，水路走顶不走地；（2）左热右冷，上热下冷，冷、热水出水口保持水平；（3）冷、热水管均为入墙做法，开槽时需要检查槽深，两个管不能在一个槽内，热水管的剔槽要深；（4）槽内、地面下的水管尽量少用或者不用连接配件，减少渗漏节点；（5）水管禁止使用 UPVC 管或镀锌管。

3.4 涂膜防水施工要点与验收

3.4.1 装修防水如何做到万无一“湿”

家庭装修为什么要做防水呢？一般楼房开发商已经做好了防水，但在装修时经常会损坏防水层，在装修须知中物业也会明确规定业主装修破坏原防水层后，物业的维修义务也就终止，所以做好第二遍防水是将来居住的安全保证。一般情况下卫生间（见图 3-19）、厨房的地面和墙面、一楼住宅的所有地面和墙面、地下室的地面和所有墙面都应进行防水处理。防水工程属于隐蔽工程，如果不做防水或防水施工不合格，其他装修工作白忙，防水施工需要注意这 5 个位置进行防水。

（1）靠近淋浴设备的地方。靠近洗浴设备的墙面例如淋浴处、洗脸盆、水槽旁，用水时会溅到墙面上，所以要做好防水，否则会造成墙面受潮发霉，墙面在贴砖之前要

图 3-19　卫生间防水层

做好防水，对于非承重墙，潮湿部位的防水高度要不低于 1.8m（见图 3-20）。与淋浴处靠近的墙面，防水高度不低于 1.8m，与浴缸靠近的墙面，高于浴缸位置。

（2）墙壁内埋水管位置。墙壁内埋水管，需先做大于管径的凹槽，槽内抹灰后刷防水涂料。

（3）地面重铺地砖处。厨房卫生间的地砖重新装修时，很容易破坏防水层，地砖去掉后需要用水泥砂浆进行抹平，再用刮板、滚筒等将防水材料均匀涂刷，避免出现漏涂问题，等第一遍干透后，进行第二层涂刷（见图 3-21），施工中注意对浆料间断性搅拌，避免沉淀现象。

图 3-20　卫生间淋浴处

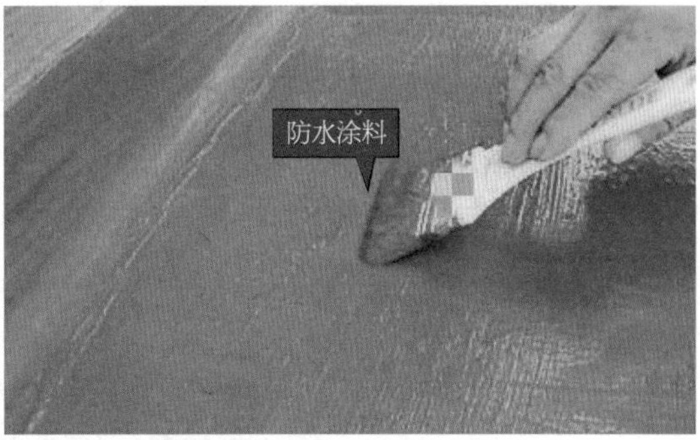

图 3-21　涂刷第二层防水

（4）墙面、上下水管的接缝位置。渗水问题经常出现在楼层间上下水管的根部（见图 3-22）、地漏（见图 3-23）、卫生洁具和阴阳角等位置。因为这些部位容易松动、粘结不牢固、涂刷不密实，防水层受损，产生渗水问题。在楼层间的上下水管根部、地漏与楼板接触周围，需要注意施工质量，上下水管要做足水泥根工作，从地面开始向上涂刷 10 ～ 20cm 的防水涂料，之后再做防水层。

（5）排污管与地漏处。卫生间应避免改动原先的排水和排污管道及地漏位置，厨房地面如果想不积水，注意地面的坡度问题，坡向地漏，排水才会顺畅。

图 3-22　上下水管根部位置

图 3-23　地漏根部

3.4.2 适用范围

适用于室内外屋顶、阳台、卫浴、厨房、洗衣房、游泳池、污水处理及蓄水池等防水工程。

3.4.3 施工流程

基层清理→粘贴防水附加层→制备防水浆料→刷第一层防水膜→刷第二层防水膜→封闭现场养护→闭水试验→保护。

3.4.4 材料准备

涂抹防水是在基层上进行现场刷、刮、抹等，可固化形成具有防水能力的涂膜。专用柔性防水浆料：多为沥青，油毡等有机材料，油毡、玻璃布等纤维织物做卷材的胎层，将卷材粘结在结构板上的找平层上形成防水层。柔性防水材料具有拉伸强度高、延伸率大、质量轻、施工方便等特点。见图 3-24。

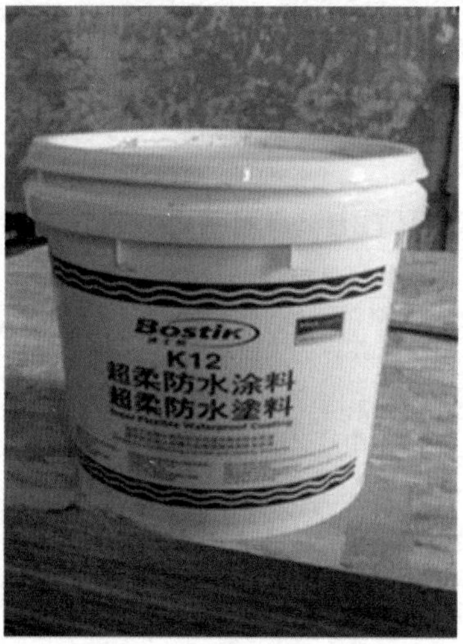

图 3-24　柔性防水浆料

3.4.5 施工要点

1. 基层处理

（1）彻底清扫基层，不得有浮尘、杂物、明水，并随时注意保持基面清洁卫生。尤其是管根、地漏和排水口等部位，要仔细清理干净。如有油污时，应用钢丝刷和砂纸刷掉。

（2）基层表面应平整，不得有空鼓、起砂、开裂等缺陷。如有凹陷，要用 1 ∶ 3 水泥砂浆找平。

（3）用含水率测试仪测试基层含水率，含水率小于 10%（见图 3-25）。

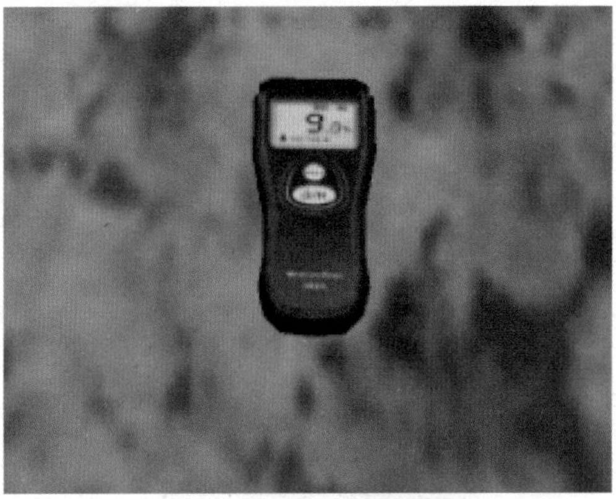

图 3-25　测含水率

机具介绍 – 含水率测试仪

含水率测试仪器操作便捷，瞬间读数，电源为干电池。

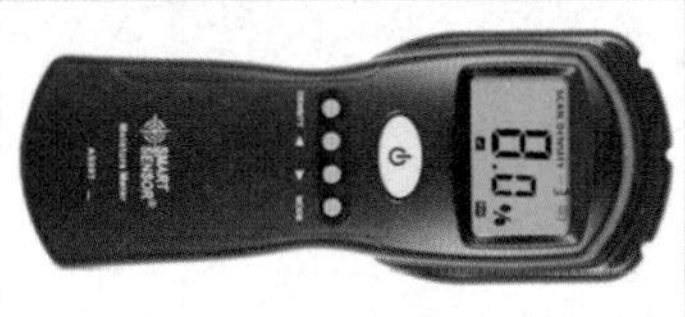

2. 粘贴防水附加层

（1）在墙地面阴阳角、管根、地漏处等部位用防水浆料粘敷附加无纺布，阴角或阳角两侧各留 100mm（见图 3-26）。无纺布施工的接茬应顺流水方向搭接，搭接宽度不小于 100mm。

（2）粘贴无纺布时应无气泡、褶皱等现象，且应粘贴平整、牢固。

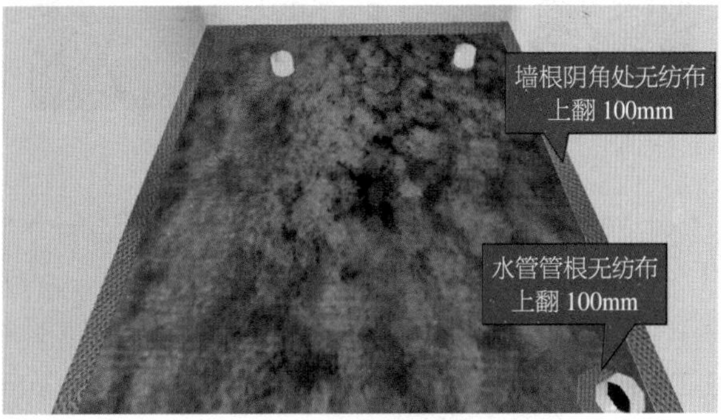

图 3-26　无纺布细部处理

机具介绍－无纺布

无纺布又称不织布，定向的或随机的纤维而构成，是新一代环保材料，具有防潮、透气、柔韧等特点。多采用聚丙烯（PP 材质）粒料为原料，经高温熔融、喷丝、铺纲、热压卷取连续一步法生产而成。因具有布的外观和某些性能而称其为布。

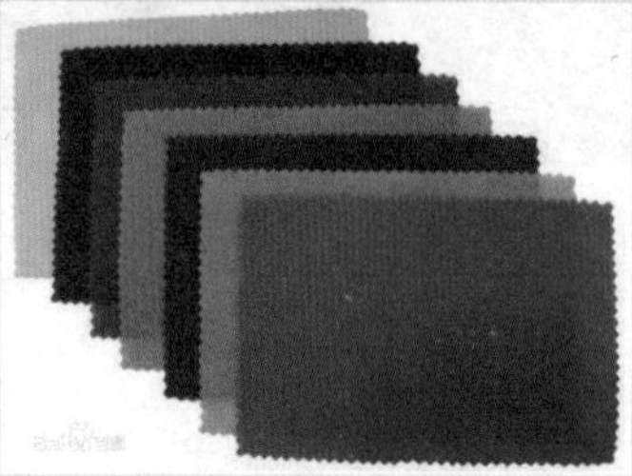

3. 制备防水浆料

按包装说明量取柔性防水粉剂及相应比例的清水（按照说明书要求），先将清水倒入搅拌桶中，然后慢慢的倒入粉料，边倒边用电动搅拌器进行搅拌，粉料倒完后再用搅拌器上下移动进行搅拌，使浆料和水充分混合均匀。见图 3-27。

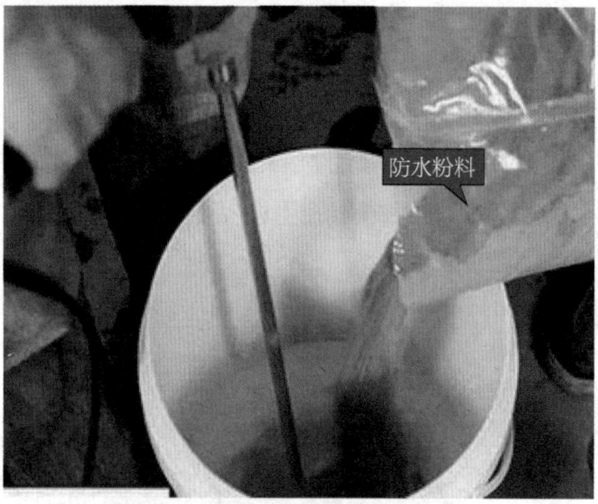

图 3-27　搅拌防水粉料

4. 涂刷防水浆料

（1）用滚筒刷蘸取防水浆料均匀的顺序的滚涂大面，每滚压住上一滚大的三分之一的滚筒宽度（见图 3-28），阴角管根用漆刷刷涂，涂抹厚度≥ 0.6mm，涂刷后注意保护成品（见图 3-29）。

图 3-28　滚筒涂刷防水

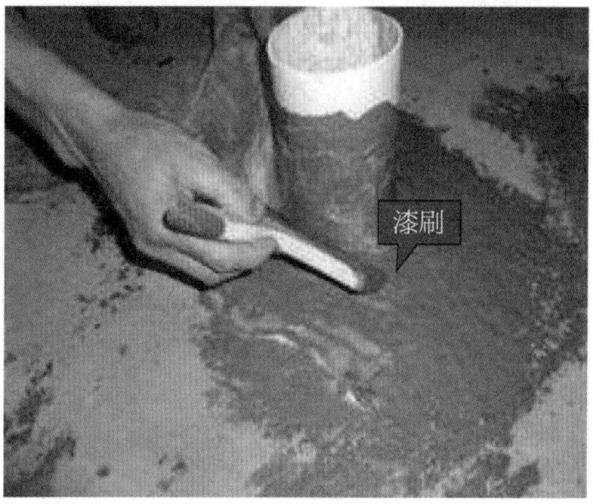

图 3-29　漆刷刷涂

（2）待第一层防水涂层成膜后，涂膜固化到不粘手时，再用滚筒蘸取防水浆料均匀地滚涂第二遍，滚涂方向与第一遍相互垂直，阴角管根的涂刷厚度≥ 0.6mm。

（3）地面施工时：干膜厚度为 1.2mm；墙面施工时：干膜厚度为 1.0mm。

5. 封闭现场养护

施工完毕后封闭现场进行自然养护，48h 后即可进行闭水试验。

6. 闭水试验

蓄水前将地漏或排水口部位以及门口用水泥砂浆临时封闭起来（见图 3-30），然后放水，水位最浅处不小于 20mm，闭水 48h 后，如未发生渗漏，即可进行下道工序的施工。

图 3-30　闭水试验

7. 保护

防水验收完毕后应做好保护，防止施工中破坏防水膜。

3.4.6　教你如何验收

涂膜防水层与基层粘结牢固，收边密封严实，无损伤、空鼓等现象，涂膜厚度均匀一致，闭水试验无渗漏为合格。

家装妙招－闭水实验不是万能的

闭水实验是在施工完成后，地面进行48h闭水，立面进行30min不间断淋水，如果不漏水说明防水没问题，这是完全错误的判断。不漏水说明防水涂膜层是否连续交圈，是否成为整体，防水涂膜刷了很薄的一遍，甚至连0.1mm达不到，闭水实验也是没问题的，但房子装修完可能五年十年就不动了，现在不漏水，那以后呢？

涂膜防水用厚度测量才能说明防水层耐用性，检验涂膜防水施工质量除了闭水实验之外，涂抹施工时要薄涂多遍，1.5mm的厚度也需要3～4遍成形，这样涂抹成品致密，《住宅室内防水工程技术规范》JGJ 298—2013，室内防水工程采用防水涂料时，涂膜防水层厚度应水平面不小于1.5mm，垂直面不小于1.2mm。

3.4.7 施工注意事项：

（1）防水层应从地面延伸到墙面，对于贴砖部位均需要防水满刷。

（2）涂膜表面不起泡、不流淌、平整、无凹凸，与管件、洁具地脚、地漏、排水口接缝严密收头圆滑、不渗漏。

（3）保护层水泥砂浆厚度、强度必须符合设计要求，操作时严禁破坏防水层，根据设计要求做好地面泛水坡度，排水要畅通，不得有积水倒坡现象。

家装妙招－厨房防水

厨房是用水“重地”，用水时会不同程度地溢出，如果不做防水时间长了容易造成缝隙渗漏，并且现在厨房很少有地漏，如果水管爆裂或者下水管堵住，水一旦溢出会造成很大的损失，墙面会被浸湿，建议厨房防水地面做防水，墙面做到30cm高，水槽部位做到1.5m高。

3.5 改电－PVC管内穿线安装要点

家庭装修中，主要有强电，包括各种电器、照明用电等，弱电包括电话、网络等。电路线在装修时要埋入墙内，如果出现问题，维修起来很麻烦，对于管线一定要选对、选好，这部分钱一定不能省！

下面介绍下电器与用线的问题，电器功率越大，电线规格越大（见图3-31）。一般照明、插座、开关用2.5mm^{2}的电线，冰箱、空调用4.0mm^{2}电线，热水器用6.0mm^{2}电线，但有时候在实际装修时装修队可能会有偷工减料的情况，空调错用了2.5mm^{2}的电线，因此业主要多加注意，改电部分的利润比较大，也很容易出现错误，即使出现错误也很难发现。铜线规格见图3-31。

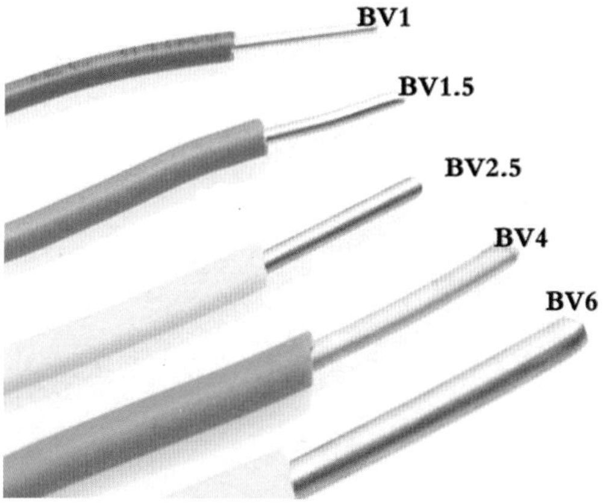

图3-31　铜线规格

家装妙招－电线平方毫米介绍

电线平方是指的导体的截面积，也就是说线的粗细，功率越大的电器用的线越粗。较好的是铜导体，外面是聚氯乙烯绝缘体，单位是平方毫米，常见的铜线规格有1.5mm^2、2.5mm^2、4mm^2、6mm^2、10mm^2。

3.5.1　改电安装方法

装修时很多客户谈论改电的费用问题，有的10元/平方米，有的12元/平方米，更有15元/平方米，为什么价格差别这么大呢？费用的差距就在改电的安装方法问题上。现在的主要做法有：

（1）按照功能性要求：电线不用分很多组，只要能达到用电的目的就可以，这是很多开发商的做法，一个三室两厅的房子，也就用了4组线，业主为了用电安全需要全部打掉，这样的做法一般需要10元/平方米。

（2）按照使用要求分组做法：每个空间的照明单独分组，每个空间的空调还要单独分组，一个三室两厅需要卧室3组、客厅1组、餐厅1组、两个卫生间2组，厨房1组，三个房间的空调 3 组，客厅空调 1 组，总共需要 12 组（有人会说我家哪有这么多空调，哪个空间有空调就分 1 组，其实我们装修时要有长远的打算，现在这个空间不装空调，过几年可能就会装了，给自己留下改善的空间）。每组都需要单独的开关控制，这样的做法虽然材料及人工费比较高，但是以后如果电路出现问题维修起来比较方便，不影响其他电器正常工作。如果用普通的 PVC 管穿线，就是 12 元 / 平方米人工费，如果用冷弯管穿线，每个弯头需要弯管器做弯头，人工费是 15 元 / 平方米。

在施工前要掌握改电的施工原则，走顶不走墙、走墙不走地，其实很简单，因为如果电路出现了问题，我们可以打开吊顶直接检修就可以了，走墙走地都需要剔槽，甚至损伤钢筋，维修起来非常麻烦。

3.5.2 改电施工流程

弹线定位→剔槽→布线→弯管。

3.5.3 改电施工要点

1. 弹线定位

图 3-32 墙面弹线

注：首先根据已经设计好的电路图进行画线定位，包括开关及插座的位置。

2. 剔槽

按照施工图弹线位置进行开槽，一般情况插座距离地面的距离为 30cm，挂式类插座为地面的 2.2m 开槽，开关距离地面一般为 1.2m。开槽不允许有歪斜问题（见图 3-33）。

3. 布线

布线采用线管暗埋的方式，线管有冷弯管（见图 3-34），冷弯管可以弯曲而不断裂，是布线的最好选择。因为布线时转角是有弧度的，线可以随时更换，不用重新墙面剔槽。

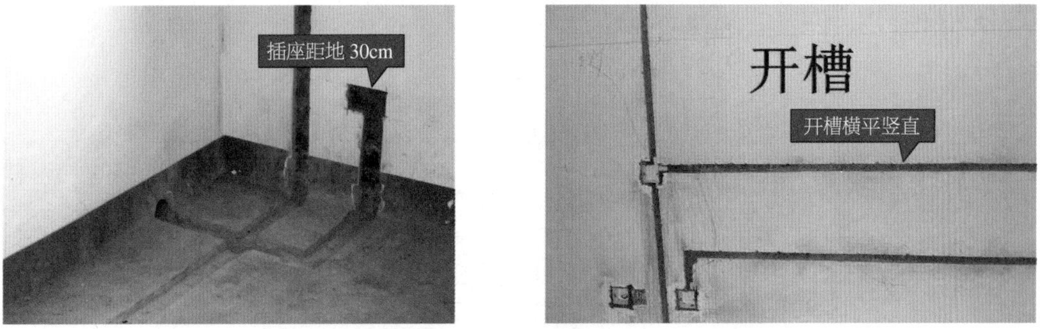

图 3-33 墙面开槽

注：弹线完成后电工根据定位和线路走线，进行线路开槽，开槽时要横平竖直。

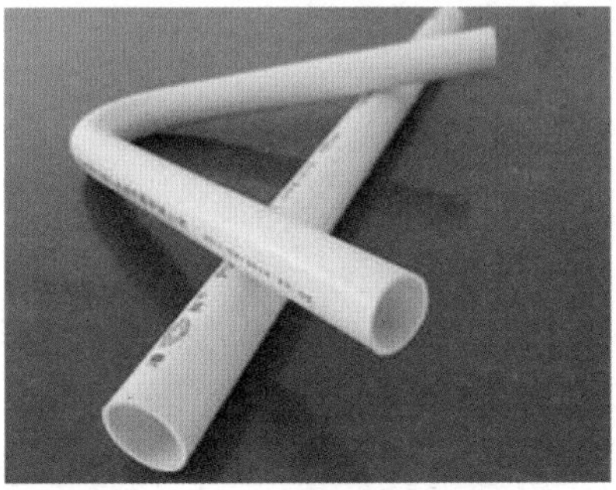	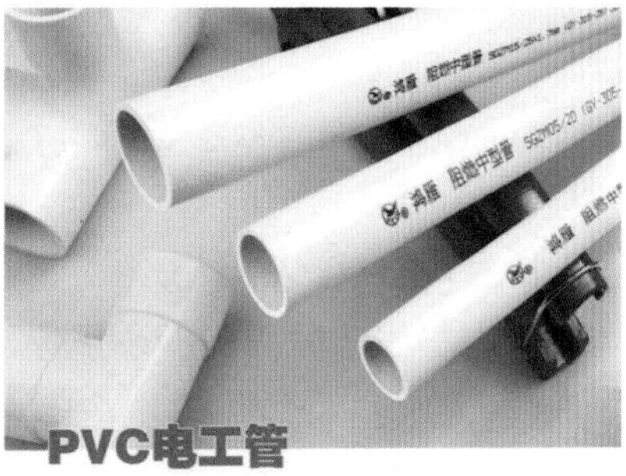
冷弯管：冷弯管是管道不经过加温经外力弯制，有 PVC 或镀锌管钢管。	PVC 管：主要成分为聚氯乙烯。

图 3-34 PVC 冷弯管

4. 弯管

冷弯管要用弯管弹簧，进行弯弧，弧度应该是线管直径的 10 倍，这样穿线比较容易。

机具介绍 - 弯管弹簧

将型号合适的弹簧放入到需要折弯的 PVC 冷弯管内，用手握住管材的两端，用力折弯到需要打到的角度，然后抽出弹簧即可。

（1）强弱电的间距。见图 3-35。

图 3-35　强弱电间距

注：强弱电的间距至少要在 30cm，防止相互干扰。强弱电更不能同时穿在一根管内。

（2）长距离的线管尽量用整管。

（3）管内导线总截面面积小于保护管截面面积的 40%，例如 $20mm^2$ 管内最多穿 4 根 $2.5mm^2$ 线。

（4）布线长度超过 15m 或中间有 3 个弯曲时，电线不容易穿管，可以在电线管中间加装一个接线盒（见图 3-36）。

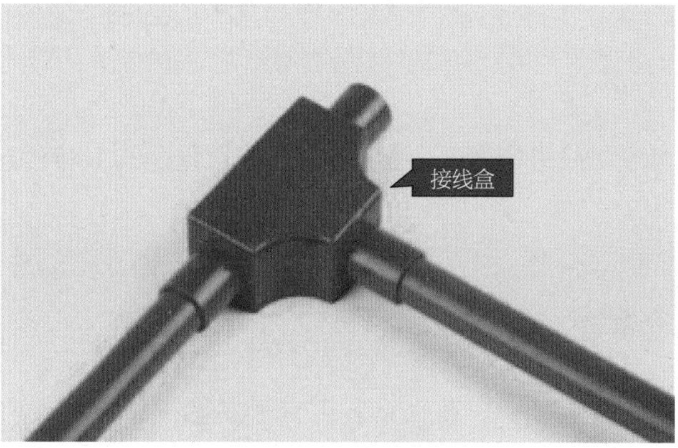

图 3-36　接线盒

（5）插座应该离地面至少 30cm。

（6）关于火线及零线的位置问题（图 3-37）。

（7）电线接头。

（8）完成布线后，一定要留好电路布置图，以后如果在墙面上钉钉子时，可以避免损坏电线。

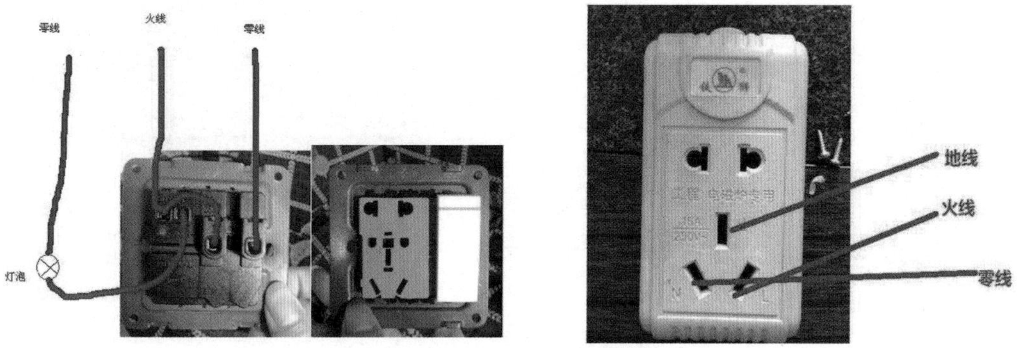

图 3-37　火线零线位置

注：当我们面对着开关、插座时，应该左侧零线右侧火线。

	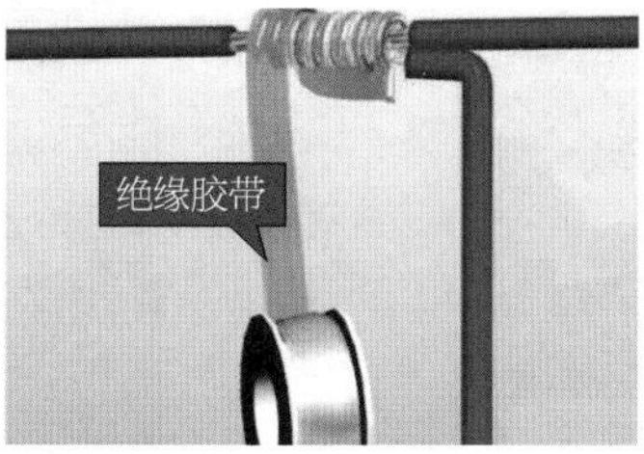	
电线里面的铜丝相互交错，缠绕。这样才能保证电线的接头不会发生打火、短路或者接触不良的现象。	应该并头连接，接好线后，用绝缘胶布包好，他的作用大多在绝缘但是也有防火的作用。	压线帽：用于线缆紧固铰接的连接器件，将电线尾部外皮剥去再插入套管内，用压线钳压紧即可。不再使用绝缘胶带。

图 3-38　电线接头方法

3.6　改电（钢管敷设）施工要点与验收

3.6.1　为什么采用镀锌钢管?

镀锌钢管主要用在工程项目上，特别是室外明管敷设采用镀锌钢管，镀锌钢管与 PVC 管比较，首先是防火性要好，特别是公装有防火要求；其次，耐久性好；最后，确实屏蔽性比 PVC 好，能起到屏蔽信号的作用。对于家装而言，一般采用 PVC 管，比较经济适用。

3.6.2　施工流程

定位、放线→开槽、孔→弯管、箱盒预制安装→管路敷设→管路连接→管路固定。

3.6.3　材料准备

管径 16mm 镀锌管、暗盒、各种配套连接管件、镀锌固定卡（见图 3-39）。

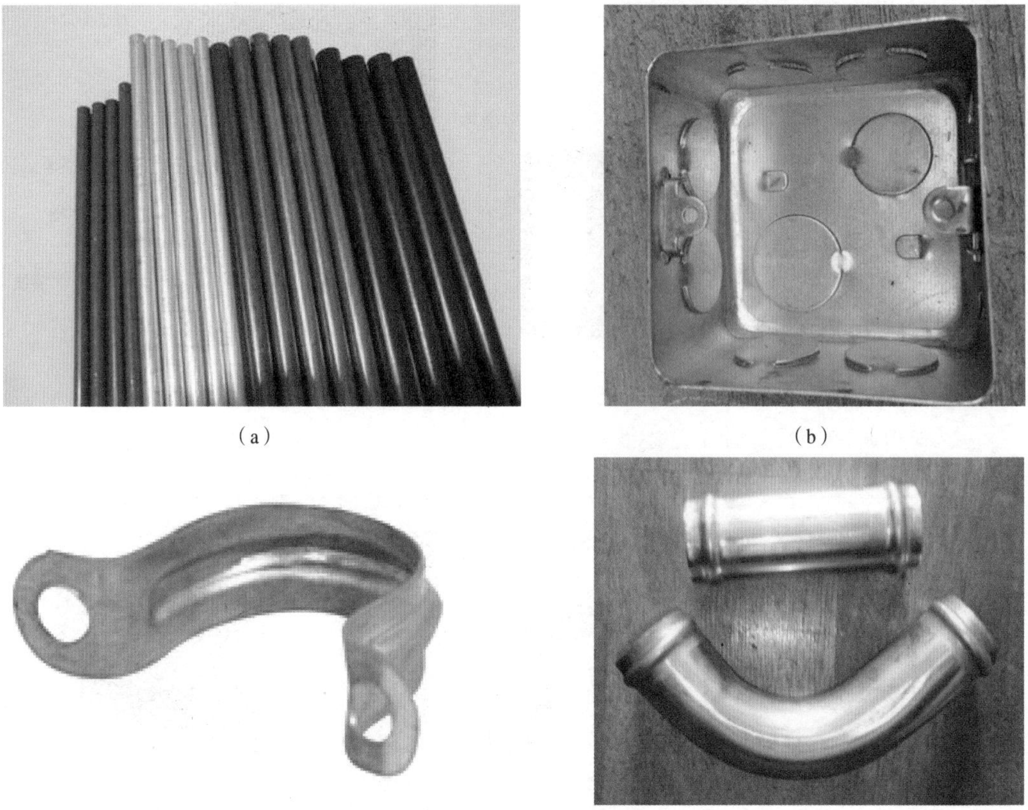

（a）（b）（c）（d）

图 3-39　钢管敷设材料

（a）镀锌管（管径 16mm）;（b）暗盒（保护线路安全）;（c）镀锌管卡扣（固定镀锌管作用）;
（d）镀锌管连接件（连接相邻镀锌管）

3.6.4　施工要点

1. 弹线定位

根据施工图纸在相应位置用红外线定位仪定位（见图 3-40），墨斗弹线，标出开孔位置（图 3-41）。电源插座等距地面的高度为 300mm，开关底距地面为 1400mm。

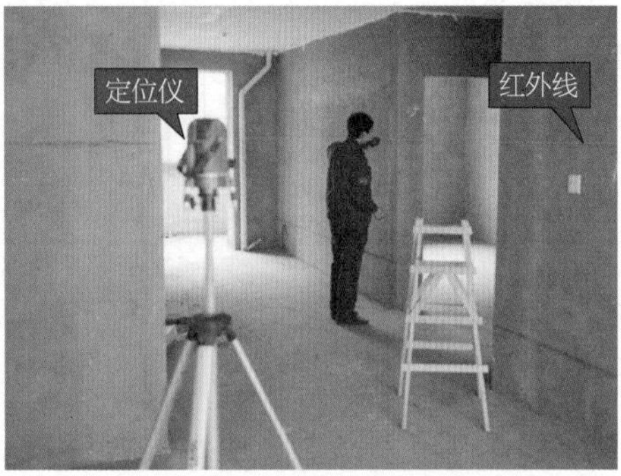

图 3-40　红外线定位

图 3-41　开孔位置

2. 开槽、孔

墙地面暗管用专用切割机按线路割开槽面（见图 3-42），再用电锤开槽（图 3-43），要顺直、无扭曲（见图 3-44），墙面不允许开 300mm 以上长度的横槽，开槽的深度保证管面与墙面应留 15mm，封槽形成保护层，不易造成墙面开裂。混凝土墙面剔槽时，遇横向钢筋将钢筋弯曲让管线通过，严禁切断钢筋，预制梁柱和预应力楼板均不得随意剔槽打洞，地面管道区不允许开槽、打眼。

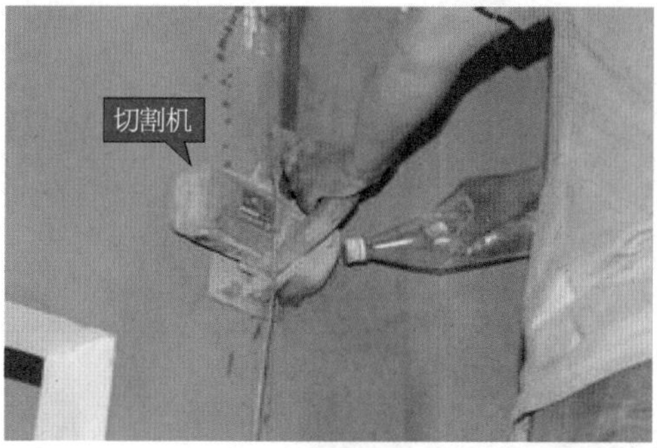

图 3-42　切割机开槽面

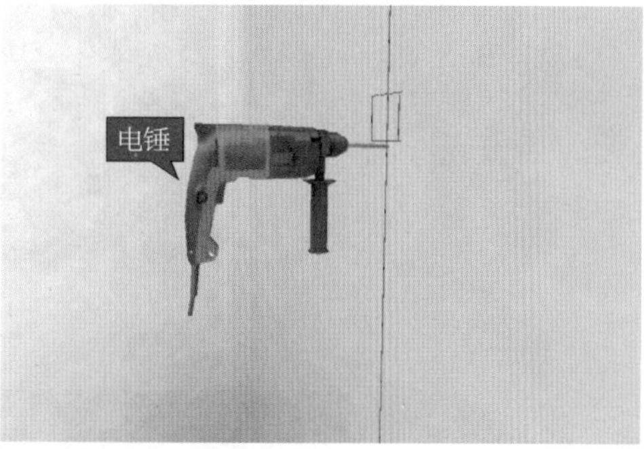

图 3-43　电锤开槽

图 3-44　开槽横平竖直

3. 弯管、箱盒预制安装

（1）根据施工图纸用手扳弯管器，加工好各种弯管。

（2）管径 25mm 及以下时，用手扳弯管器将管子插入弯管器，逐步弯出所需角度；管径 32mm 及以下时，用液压弯管器。

4. 敷设管路

（1）为了保证线管的整齐美观，敷设时要统一角度集中煨管，横平竖直（见图 3-46），镀锌钢管采用镀锌管卡扣固定，固定间距不应超过 1000mm，管的末端固定不能超过 300mm；一般在 150 ~ 200mm 处固定接线盒两端。

机具介绍 - 手扳弯管器

为了管道有一定的弯曲角度，其产品优势是能够使管道拐弯过渡得平滑。

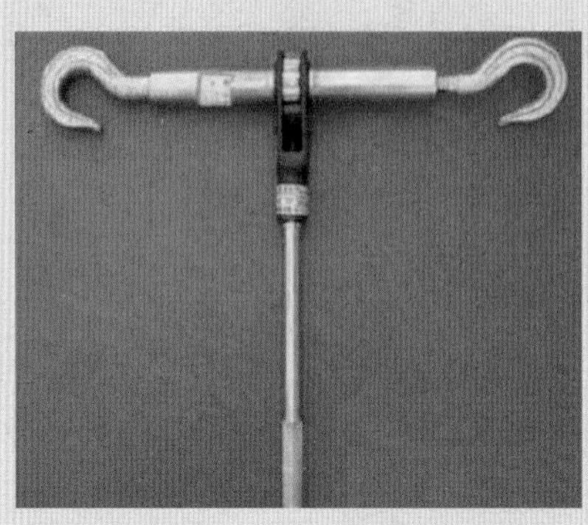

图 3-45 镀锌钢管弯曲

注：钢导管管路暗敷设时，其弯曲半径不应小于管外径的 6 倍。

图 3-46 敷设管路

所有管口用用钳子进行钝化处理（见图3-47），不能有毛刺，防止后期穿导线过程中损坏导线。

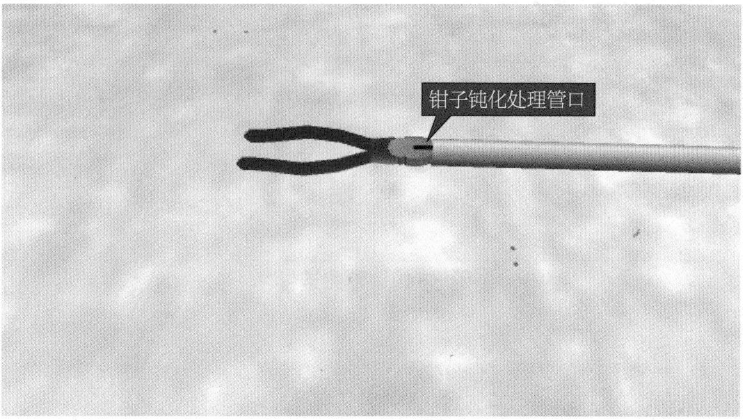

图3-47 钝化处理

（2）镀锌钢管进入盒箱处，采用专用接头固定牢固（见图3-48），应顺直。

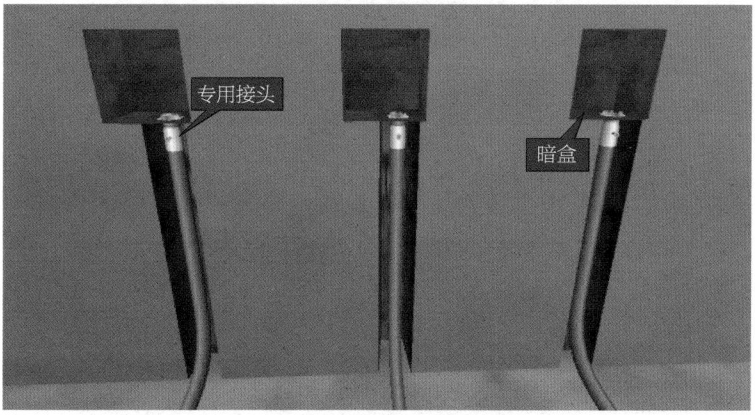

图3-48 接头固定暗盒

（3）当管路长度每超过30m，无弯曲；管路长度每超过20m，有一个弯曲；管路长度每超过15m，有两个弯曲；管路长度每超过8m，有三个弯曲这四种情况时中间应增设过线盒。以方便穿线的检查、更换。

5. 管路连接

钢导管管路连接处，管插入连接套管前，插入部分的管端应保持清洁，连接处的缝隙应有封堵措施。钢导管管路与盒箱连接时，应一管一孔（见图3-51）。管与盒箱连接处必须使用管盒专用接头，用爪型螺纹帽和螺纹管接头锁紧。

专用接头处螺丝口以拧紧螺母后平齐为宜，接地良好，用螺丝刀拧紧，不能有松动现象。	用螺丝刀紧固镀锌管连接件的丝杆，不能敲打、折断螺帽或熔焊连接。两侧连接的管口应平整、光滑、无毛刺、无变形。

图 3-49　管路连接

图 3-50　螺钉固定

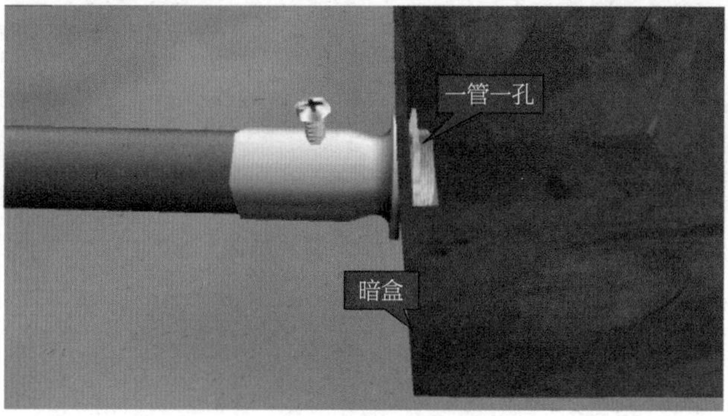

图 3-51　管盒连接件

6. 固定管路

敷设在暗槽中的管线用镀锌管卡扣固定（见图 3-52）。室内暗敷管道安装完毕验收合格后，必须采用成品水泥砂浆将开槽填平（见图 3-53），不可将管道填堵过于密实，最好留有部分余量，防止管道变形。

图 3-52　镀锌管卡扣固定

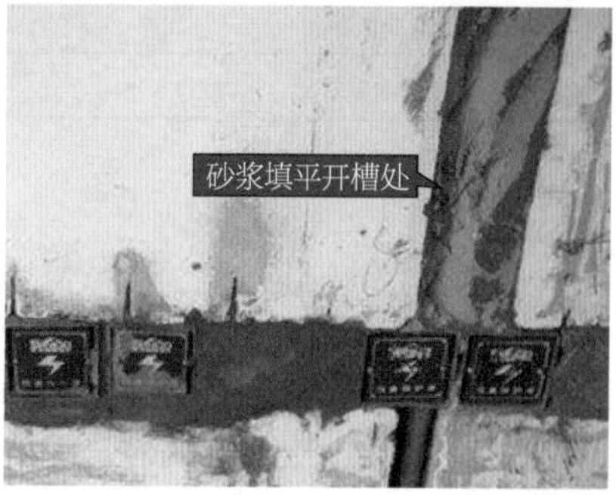

图 3-53　砂浆开槽填平

3.6.5　教你如何验收

镀锌钢管敷设验收的项目及检验方法，见表 3-2。

镀锌钢管敷设验收　　表 3-2

项次	项目		允许偏差（mm）	检验方法
1	暗敷管子最小弯曲半径		≥ 6*d*	尺量检查
	明敷管子最小弯曲半径		≥ 3*d*	尺量检查
2	箱高度		5	尺量检查
3	垂直高度	高 5mm 以上	1.5	吊线，尺量检查
		高 5mm 以下	3	尺量检查
4	线盒垂直度		0.5	吊线，尺量检查
5	线盒高度	并列安装高差	0.5	尺量检查
		同一场所高差	5	尺量检查
		同一房屋高差	5	尺量检查
6	线盒、箱凹进墙深度		15	尺量检查

3.7　改电（钢管内穿电线）施工要点与验收

3.7.1　适用范围

适用于室内照明、插座配线工程的导管内穿线工程。

3.7.2　施工流程

配线→穿带线→带线与电源线的连接→管内穿线→断线→线槽填平。

3.7.3　材料准备

钢管内穿电线，主要用到绝缘铜导线、接线端子等（见表 3-3）。

主要材料　　表 3-3

名称	用途	图片
绝缘铜导线	在导线外围均匀而密封地包裹一层不导电的材料.形成绝缘层,防止导电体与外界接触造成漏电、短路、触电等事故发生的电线叫绝缘导线	
钢丝线	在镀锌钢管内，牵引绝缘铜导线	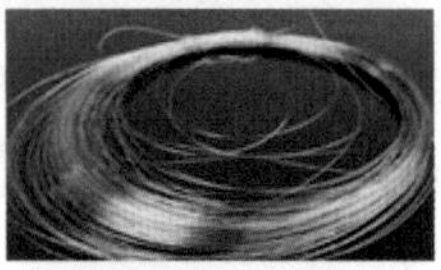
接线端子	接线端子就是用于实现电气连接的一种配件产品	
接线帽	是一种五芯接口，由两路视亮度信号、两路视频色度信号和一路公共屏蔽地线共五条芯线组成	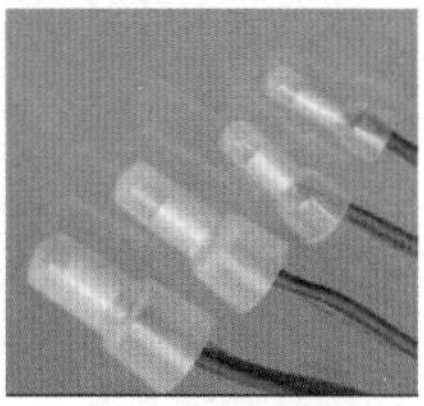
焊锡	焊锡是在焊接线路中连接电子元器件的重要工业原材	
塑料绝缘胶布	指电工使用的用于防止漏电，起绝缘作用的胶带，具有良好的绝缘耐压、阻燃、耐候等特性	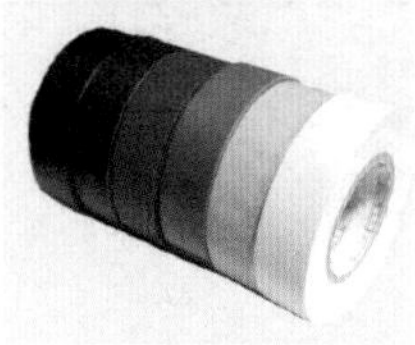

3.7.4　施工要点

1. 配线

选择材料绝缘铜导线，进行配线，注意每种功率电器采用导线规格，前面已经讲过。

2. 穿钢丝线

钢丝线作为电源线的牵引线，先将钢丝的一端用钢丝钳弯回成弯钩，将钢丝弯钩一端穿入管内，边穿边将钢丝顺直（见图 3-54）。根据穿入的长度判断是否碰头后，再搅动钢丝。当钢丝头绞在一起后，再抽出一端，将管路穿通。

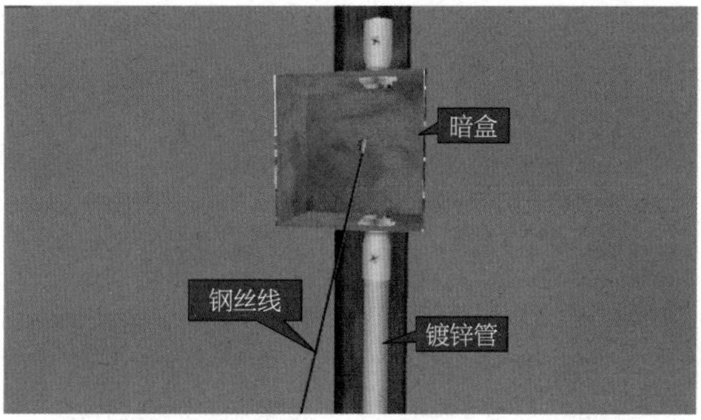

图 3-54　钢丝线

机具介绍 - 尖嘴钳

尖嘴钳在合起来的时候是呈锥形的。主要用来剪切线径较细的单股与多股线以及给单股导线接头弯圈、剥塑料绝缘层以及夹取小零件等使用的。

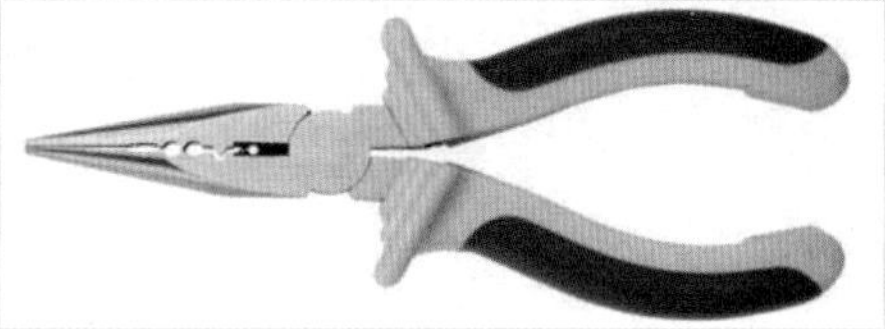

3. 钢丝线与电源线的连接

导线根数较少时，可将导线前端的绝缘层剥去 50mm，然后将铜芯与钢丝线绑扎牢固（图 3-55），使绑扎处形成一个平滑的锥形过渡部位。

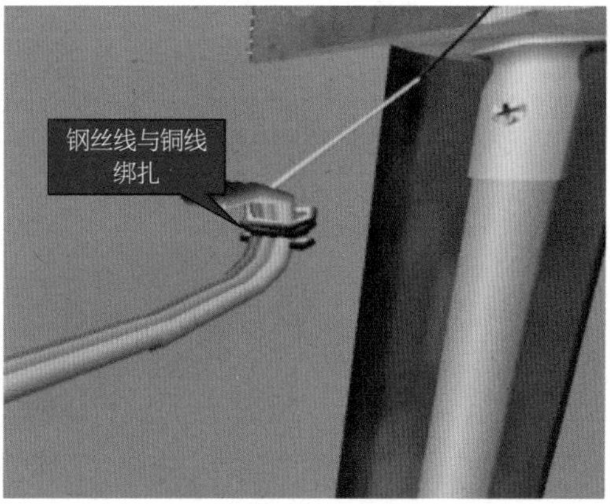

图 3-55　铜线与钢丝线绑扎牢固

4. 管内穿线

穿线时应注意同一回路的导线必须同一管内，不同回路，不同电压，交流与直流导线不得穿入同一管内，但管内总根数不应超过 8 根。

5. 断线

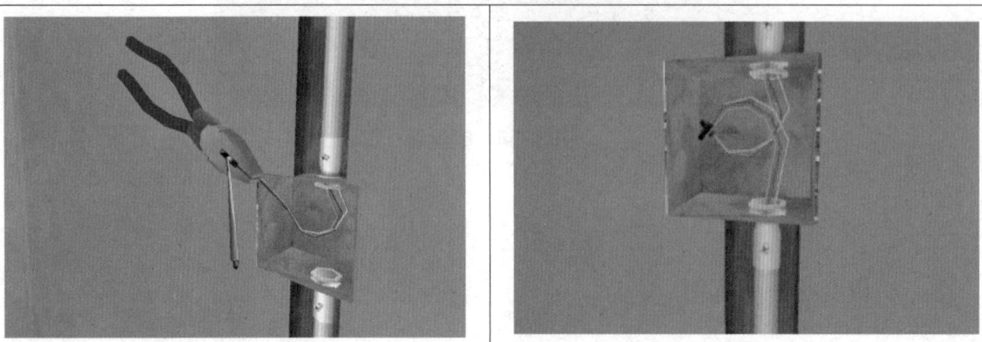

用手钳，将多余的导线剪除。	所有导线的接头必须在接线盒内接，并按规定使用接线端子。

图 3-56　断线方法

机具介绍 - 手钳

手钳的使用应限制在其设计的用途范围内；夹紧或切断、绝不能用手钳松紧螺母。其原因有二：一是手钳的钳口是柔性的，不能固定地卡住螺母；二是手钳夹螺母会使螺母留有牙痕，甚至使其棱角变秃，给将来修理、拆装造成困难。

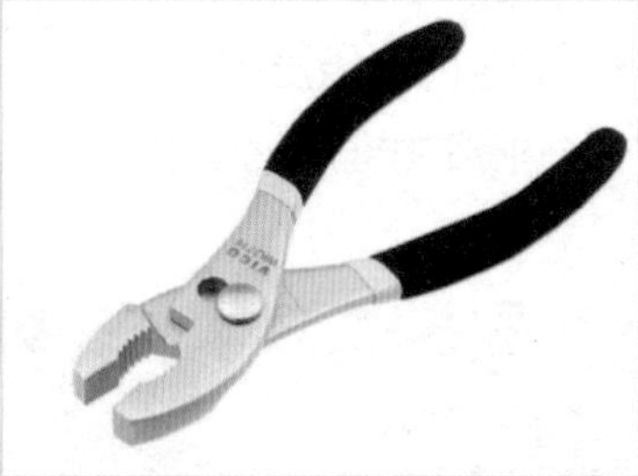

6. 线槽填平

用铁抹子，在管道验收合格后，用成品水泥砂浆将线槽填平。墙槽应用 1∶3 水泥砂浆填补密实（见图 3-57），不可将管道填堵过于密实，最好留有部分余量，防止管道变形。

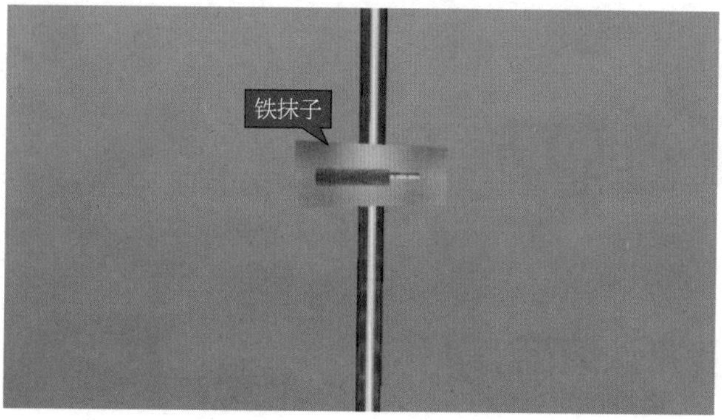

图 3-57　铁抹子填平开槽

3.7.5　施工注意事项

（1）配电箱应根据室内用电设备的不同功率分别配线供电，大功率用电设备应独立配线安装插座。

（2）照明及插座用标准 2.5mm^2 线，空调专用插座用 4mm^2 线或遵循设计要求。

（3）线路改造完还未安装插座、开关面板等用电设备，施工现场不允许有裸露的线头，所有线头必须用接线端子封闭。

第4章 瓦工施工

4.1 跟我来认识瓦工

4.1.1 瓦工是干什么的?

瓦工不仅仅是砌砖盖瓦，瓦工的工作内容较多且复杂，在家庭装修中瓦工主要从事以下工作（表4-1）：

瓦工主要工作　　表4-1

工作内容	介绍	图片
拆改墙体	装修之前有时为满足功能空间设计需要对室内非承重墙拆除，有时需要用砖或轻质砌块砌筑隔墙、玻璃砖砌筑隔墙等	
抹灰	为满足室内墙面及顶面的要求需要进行墙面水泥砂浆找平抹灰	
地面找平	在地砖铺设前需要对地面基层用砂浆进行找平，或铺设木地板前对地面做自流平	
贴砖	贴砖包括地面砖及墙面砖，此外，为满足保温要求，对墙面也做保温处理	

4.1.2 如何选瓦工

术业有专攻，找瓦工也是如此。瓦工是不是专业，技术如何，你可以去看看他给其他业主铺的砖如何，问问用过这个瓦工的其他业主。从瓦工的手法及带的工具也能略知一二。专业的瓦工绝对有丰富的经验，脸上带着自信的笑容，装修施工时，无论遇到什么疑难问题，都能从容应对，而新手会说“不行”、“这不是我的问题”等借口，而专业的瓦工通常会说“别急，我先看看能不能做出来”。此外，较专业的瓦工都是自备工具，如抹铲、水桶、水平仪、卷尺、切割机等。

4.1.3 家庭装修中，瓦工的手工费能有 10000 多元?

家庭装修中业主只是认为瓦工只是铺铺砖而已，瓦工的手工费能有 10000 多元？其实在家庭装修中业主根本不知道瓦工都干什么活，首先从施工流程来说。

（1）室内砸墙。根据业主需要如有室内砸墙活，业主一般找散工来干，为什么啊？便宜（记得让干活的人把建筑垃圾装袋运走）。完成后开始改水电，墙面开槽走线，墙面开槽后没有填补墙面，于是业主结账水电走人，添补墙面剔槽留给了瓦工，添补墙面瓦工收费吗？当然收费。见图 4-1。

（2）砸墙后修补墙面。找来瓦工，发现砸的半截墙面需要修补吗？肯定要修补。见图 4-2。

图 4-1 开槽走线

注：开槽处必须水电工封堵，不然后期只能瓦工来干。

图 4-2 修补墙面

（3）完成后接着开始包立管、包烟道等，这些都是瓦工的活，每项都要收费。如果是干清工，业主可以列出分项，每项比较价格然后选瓦工。

（4）修补墙面后做防水。防水完工后，需要保护已经完工的防水，也会有费用。

（5）最后贴砖。瓷砖如需倒角、铺过门石、厨卫墙面腰线这几项需要单独收费，这些费用不包含在铺砖项目中。见图 4-3。

瓦工活已经开始了，以上这些项目前期没有协议，肯定是瓦工说多少算多少了，反正都是过路客，能不多收费吗？业主一定要搞清楚，找瓦工施工时一定不要简单问铺砖多少钱？还要问其他项目的费用，最好让瓦工根据你家现有装修，列出每项的单价，这样你就不会被牵着鼻子走了。

(a)

(b)

(c)

图 4-3　瓷砖

(a) 瓷砖倒角；(b) 铺过门石；(c) 墙面腰线

4.1.4　教你看透瓦工施工费

装修公司在给业主报价时，装修费用差别比较大，其实这是一种“钓鱼法”，业主只关心装修的价格，有些装修公司就奔着你的喜好去的，通过漏项，把价格拉低，在装修的过程中让你再次掏钱。你一定要搞明白装修的具体费用，脑袋有货才不被牵着鼻子走，所以瓦工在施工时除了问清楚铺砖的价格外，还要弄清楚下面的几项内容：

（1）要弄清楚瓦工施工时具体要干什么工作，例如瓷砖的工费问题，同样是铺墙砖，隔壁家地砖用的 600mm × 600mm 规格的，你家用的 1000mm × 1000mm 规格的瓷砖，哪家的施工费用会更高些？当然是邻居家的，室内面积一样，不同规格瓷砖，小砖更费时费力。见图 4-4、图 4-5。

图 4-4　厨房墙砖

图 4-5　卫生间地砖

（2）普通的玻化砖正铺时价格最低，抛釉砖在铺时要用到卡子留缝，瓦工工费价格高于普通的玻化砖，仿古砖菱形铺设工费要高于正铺。以上总的来说，瓦工的工费与砖的规格、留缝、铺砖形式、瓦工的手艺有很大的关系。如果你是采用半包方式装修或者清工方式，你可就小心了，有的装修公司一般在做预算时，都是按照普通的玻化砖来的，合同装修费用总价低，客户喜欢，签单几率高。但如果你买的抛釉砖或者仿古砖，你得自己再次掏腰包，补上这笔费用！另外，假如说你买的是抛釉砖或仿古砖，装修公司也是给你按照普通砖进行的报价，你可要小心了，否则你就掉到低价陷阱了！见图 4-6、图 4-7。

图 4-6　仿古砖菱形铺设

图 4-7　用卡子留缝

（3）瓦工铺砖的细节费用不可掉以轻心！阳台、厨房、卫生间的阳角铺砖时，需要进行倒角或者压条处理，这部分也是单独收费的，一般是按照米为单位进行收费，1m10 块钱，整个装修下来，几百米也是很正常的。见图 4-8、图 4-9。

图 4-8　阳角倒角

图 4-9　阳角压条

4.1.5　瓦工施工容易忽略的几个问题

瓦工装修在室内装修中占据很大的一部分内容，瓦工除了铺砖外还有一些其他需要注意的事项。

1. 闭水试验

检验防水做的好坏，一个很重要的验收方法就是闭水试验，闭水试验没做好，给日后自己的生活带来很多麻烦，而且也殃及了周围的邻居，闭水试验要做两遍。见图 4-10。

2. 瓷砖留缝问题

不论是地砖还是墙砖在瓷砖铺贴时要留几毫米的缝隙，这些缝隙最后要进行勾缝处理，留缝隙的目的主要为了满足瓷砖的热胀冷缩，防止瓷砖的挤压变形。见图 4-11、图 4-12。

地面基层防水完成 24h 后（未铺砖之前）做闭水试验。	第二遍闭水试验时瓷砖铺完后再次进行，主要是为了防止在铺砖施工过程中破坏了已经做好的防水层。

图 4-10　闭水试验

图 4-11　地砖留缝

图 4-12　墙砖留缝

3. 瓷砖阳角的保护

装修过程中，经常会不注意碰撞墙体，特别是阳角部位，因此需要对阳角部位进行保护。见图 4-13。

4. 墙面水电线管标识

墙地面在瓷砖铺完后，后续还需要安装浴室柜、淋浴房等，需要在砖上打孔，为防止打孔时钻到瓷砖背后的水电线路，因此要贴上水电线标识贴。见图 4-14。

5. 地面保护

地砖铺设完成后，还需要其他部位的装修，为防止东西掉落摔坏已经铺好的地砖，需要对地面进行保护，可用展开的纸箱，也可用专用的地膜进行保护。见图 4-15。

图 4-13　瓷砖阳角的保护

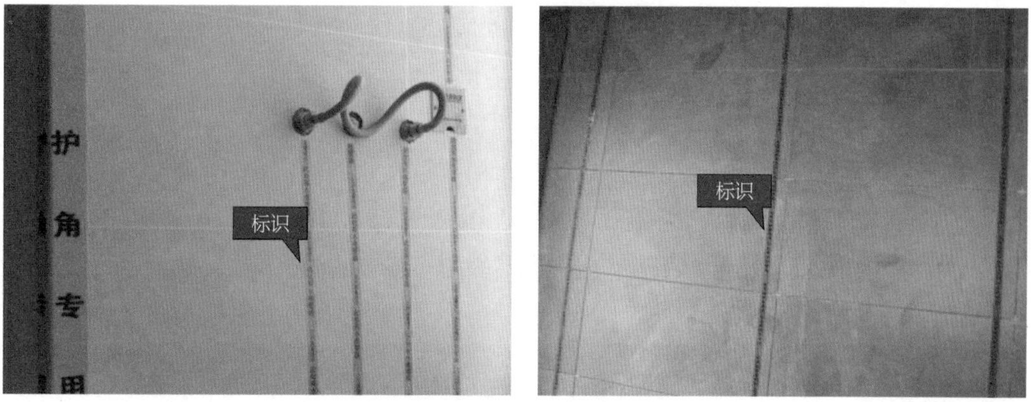

图 4-14　墙面水电线管标识

图 4-15　地砖成品保护

4.1.6　包立管施工你必须知道的事情

厨房、卫生间中有较粗的上下水管路，横向管路我们一般用吊顶将其掩饰，竖向的管路用包立管的方式隐藏。

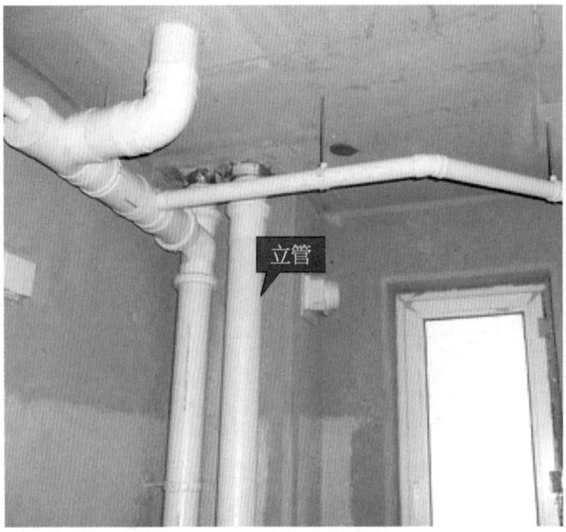

图 4-16　卫生间立管

1. 包立管需留检修口

在立管的阀门处，需要预留检修口，检修口要稍微大些，方便开关阀门及阀门的维修，此外，包立管能用拆卸材料尽量不用永久固定的材料，因为现在的上下水管都是聚氯乙烯管，有使用寿命，有可能需要检修或者更新。见图 4-17。

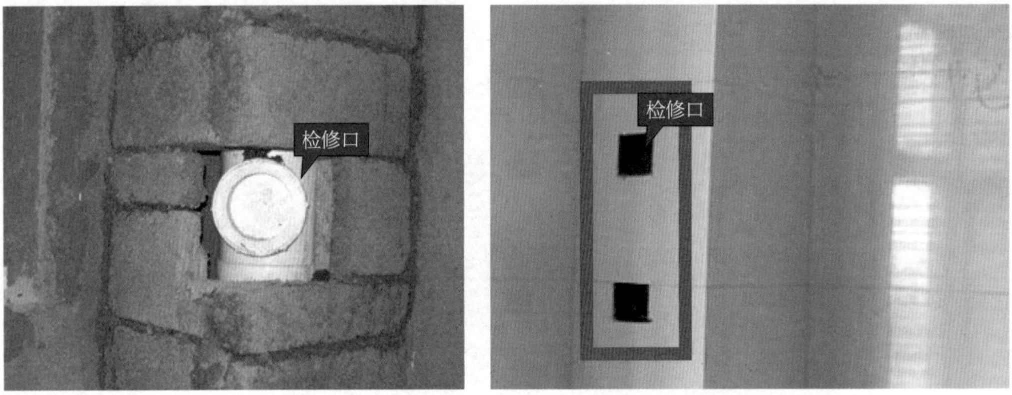

图 4-17　预留检修口

2. 包立管处需要做防水

在做厨房、卫生间的防水时，可以包立管后做防水，特别是包立管材料的根部，需要至少做两遍防水。见图 4-18。

3. 包立管的费用问题

厨房、卫生间的包立管需要单独收费，包立管的费用可以按照面积计算费用，也可以按照项或个为单位进行计费。

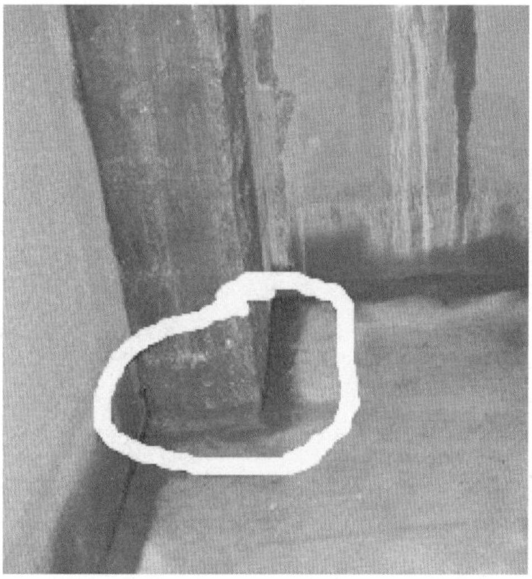

图 4-18 防水细节

4.1.7 包立管的几种方法

（1）砌砖法包立管。砌筑法包立管一般采用红砖或砌块用砂浆进行砌筑，这种方法用得最多。这种方法隔声效果好，不至于听到下水管的声音，比较结实，不易变形，缺点是较厚，比较浪费空间。注意砌筑完后需要适当晾下，砌筑后有时为了加强牢固性，采用挂铁丝网法，然后用砂浆进行包管外立面的抹灰，抹灰后再贴饰面砖。见图 4-19、图 4-20。

图 4-19 方法一红砖砌筑

图 4-20 方法二轻质砌块砌筑

（2）轻钢龙骨加水泥压力板法。轻钢龙骨需要选用质量上乘的材料，防止生锈变形，这也是目前比较普遍的做法。施工方法：用四根轻钢龙骨做成框架，再封水泥压力板，挂钢丝网，最后贴墙面砖。需要注意的是很多装修队通常采用三根轻钢龙骨加两片水泥压力板，这是偷工减料的做法，这种做法轻钢龙骨只起到围合的作用，不结实。见图 4-21。

图 4-21　轻钢龙骨包立管

（3）木龙骨加水泥压力板做法。用木龙骨搭支架，将水泥压力板钉在木龙骨上，然后抹灰贴瓷砖，木龙骨作为主要受力骨架，应选用 30mm × 40mm 以上规格尺寸，此外，木龙骨易受潮变形，因此包立管完成后需要在立管的根部进行防水处理，防止水进入立管后浸湿龙骨；木龙骨在安装前也需要进行刷防火涂料。见图 4-22。

图 4-22　木龙骨包立管法

（4）木龙骨加铝塑板做法。按照以上安装木龙骨的做法，在木工骨上钉接细木工板，用万能胶将铝塑板粘上，目前，铝塑板的颜色很多，可自由选择。需要注意的是：铝塑板需要选择较厚的板材，否则在阴阳角处容易断裂。

4.1.8 包立管采用砖好还是水泥板好?

（1）砌筑法包立管，用红砖或者轻质砌块砌筑，在红砖表面用水泥砂浆将其抹平，最后贴上面砖，是最普遍的方式，施工操作简单。用红砖包立管可以有效隔声，不至于半夜时听到水管哗哗响声，不容易变形，耐潮。最大的缺点就是比较占用空间。

（2）水泥板包立管，水泥板包立管比较省空间，让空间得到更大的利用，但是卫生间比较潮湿，水泥板受温度及湿度的影响，热胀冷缩，容易变形，造成瓷砖的阴阳角处裂缝问题。

综上所述，通过对红砖及水泥板的比较，建议选用砌筑法包立管，隔声、耐用、不易变形且贴完瓷砖后不容易炸缝。

4.1.9 水泥抹灰开裂，咋回事?

新房装修时，用水泥抹的地面晾干后出现了裂缝（图4-23），咋回事呢？难道是瓦工师傅手艺不好？

首先，水泥质量较差，很多业主不注意水泥的质量，特别是水泥的牌子，甚至有些黑心的师傅用已结块过期的水泥。因此无论是业主自己买水泥或装修公司买水泥，水泥的牌子及包装日期一定要看好，一般水泥的保质期为3个月（见图4-24）。水泥到场后要存储在完全干燥或隔绝潮气的条件下，不能有潮气，否则水泥吸收潮气，活性会降低甚至结块。

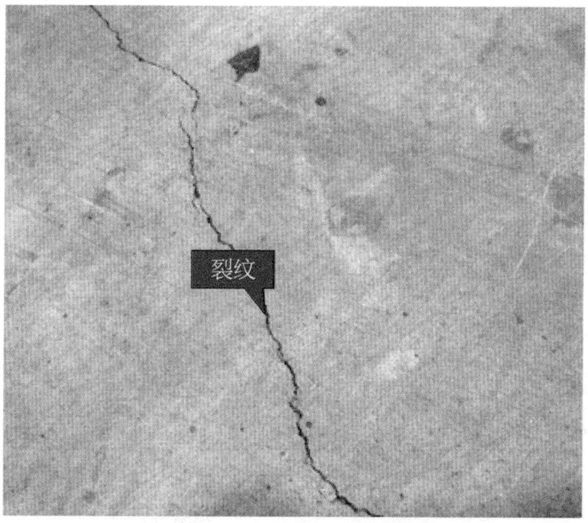

图4-23 水泥地面开裂

图4-24 包装日期

其次，水泥搅拌时，砂子、水泥比例没调对，导致水泥强度不够，水泥、沙子比例为1∶3，必须搅拌均匀，否则在地面找平或墙面找平时出现裂缝。见图4-25。

最后，施工不规范，出现水泥抹灰裂缝。在地面抹灰前要将地面润湿，用扫帚在地面上扫一遍素水泥浆（水泥与水），就可以在地面上抹灰了，抹灰一般分两遍，第一遍抹灰达到七到八成干时才能抹第二遍。见图 4-26。

图 4-25　水泥沙子

图 4-26　扫素水泥浆

4.2　红砖砌砖法包立管施工

4.2.1　包立管

厨房、卫生间在家庭中用水量比较大，因此会用到比较大的管道，楼板底处横向管道，可用吊顶遮住，竖向管道一般采用包立管的方式隐藏。包立管就是把厨房、卫生间的楼层间的上下水管用红砖包起来，起到隐藏、阻隔上下水的声音。包立管的材料选择，能用可拆卸材料尽量不用固定包法，能用轻质材料尽量不用厚重材料；包立管需要留出检修口；包立管的收费方式可以按照面积，如果面积比较小，装修公司就按项来收费。

1. 现场准备

（1）应仔细阅读施工图，熟悉墙体构造和节点要求，了解水、电、设备等安装工程。

（2）地面墙面垃圾应清理干净。

（3）有需要时使用移动脚手架，不得在墙体上设脚手架孔。

2. 材料准备

材料准备　表 4-2

名称	组成	特点作用	图片
水泥砂浆	由水泥、细骨料和水组成，配合比多为 1 : 3	一是墙体砌筑时用作块状砌体粘结剂；二是用于抹灰	

续表

名称	组成	特点作用	图片
红砖	以粘土，页岩，煤矸石等为原料，经干燥后在 900℃左右的温度下以氧化焰烧制而成的烧结型建筑砖块	自重轻、保温、隔声、耐火、抗渗	
钢丝网	钢丝为原料，用专业设备加工成网状	水泥砂浆基面的骨架，加强水泥的拉伸力，保温防裂	

4.2.2 施工流程

基层处理→弹线定位→墙体砌筑→垂直度检测→墙体面层处理。

4.2.3 施工要点

1. 基层处理

红砖与墙地面连接部位的灰尘、污垢、粘结砂浆等均应清除干净。基层表面的凹凸处要剔平或用水泥砂浆补平。

2. 弹线定位

用激光放线仪找出轴线、砌体边线，用墨斗沿红外线进行弹线操作。见图 4-27。

（a）　　（b）

图 4-27　弹线定位

（a）用激光定位仪定位；（b）用墨斗沿红外线弹线

3. 墙体砌筑

（1）搅拌水泥砂浆：墙体砌筑用水泥砂浆。水泥要用同一厂家，同一强度，同一批号的合格产品。搅拌水泥砂浆时环境温度、材料温度及水温都不能低于 10℃。砂浆应随拌随用，必须在拌成后 2h 内用完，若砂浆留存时间过长，应弃掉，严禁加水再次搅拌使用，严格按照产品说明使用。砌筑时及时清理落地砂浆，收入灰槽再次使用。

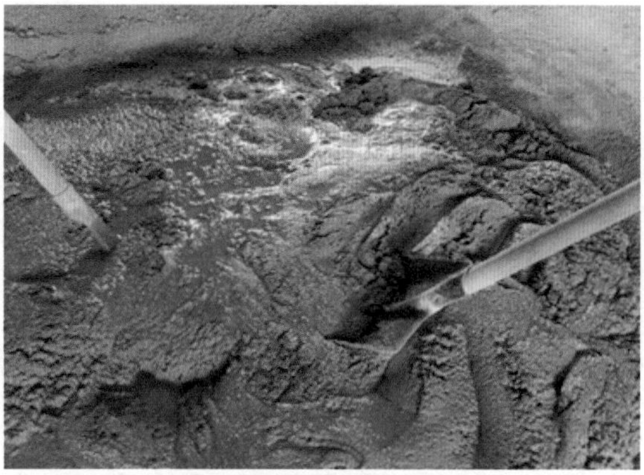

图 4-28 搅拌水泥砂浆

（2）砌筑墙基础：砌筑前清除材料表面浮灰，不需要用水湿润，基础高度约200mm，或现浇高度不小于200mm的混凝土坎台。

（3）砌筑墙体：砌筑时砌块应上、下错缝搭砌，交接处咬槎搭砌，以保证墙体有足够的刚度和强度。灰缝内灰浆要饱满，严禁出现透明缝，多余的砂浆及时用铲刀刮除。砌筑时均需拉水平线，灰缝要求横平竖直，不得出现上下通缝，严禁冲浆灌缝。见图 4-29。

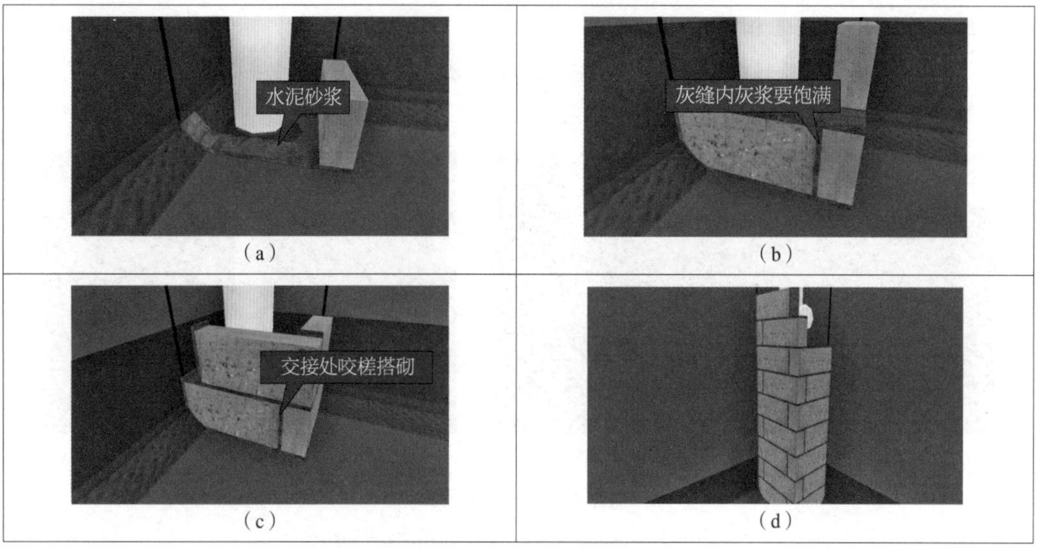

（a）　　（b）　　（c）　　（d）

图 4-29 砌筑墙体

（a）砌筑基础；（b）灰缝内砂浆饱满；（c）上下砖交接处咬槎搭砌；（d）砌筑墙体

（4）在包立管砌筑过程中必须在立管的阀门处预留检修口。见图 4-30。

4. 垂直度检测

红砖砌筑完成后，用2m靠尺和线坠检查墙面垂直度，要符合墙砌体允许偏差≤5mm。见图 4-31。

图 4-30　预留检修口

图 4-31　检测墙面垂直度

机具介绍 - 靠尺

线坠：也叫铅锤，用于垂直度的测量。使用时线坠上端要固定牢固，视线要垂直于墙面，测量时要防风吹和振动。

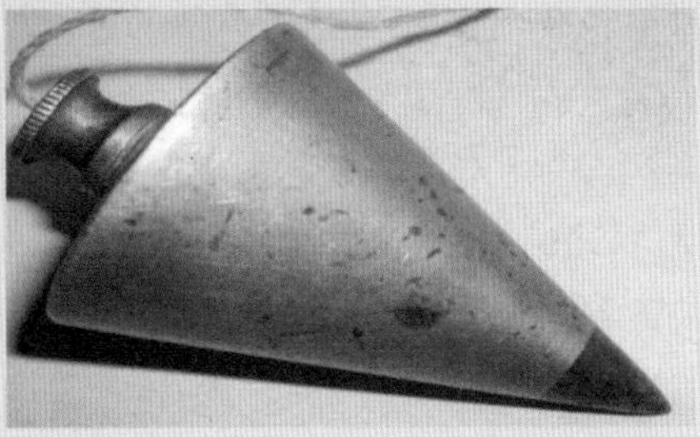

5. 墙体面层处理

面层处理，需用铁丝网，砌体结构与建筑原墙面交界处需敷设钢丝网，敷设宽度为阴角线处往墙面各延伸 100mm。用铁抹子进行抹面施工，抹灰后可贴瓷砖进行装饰。

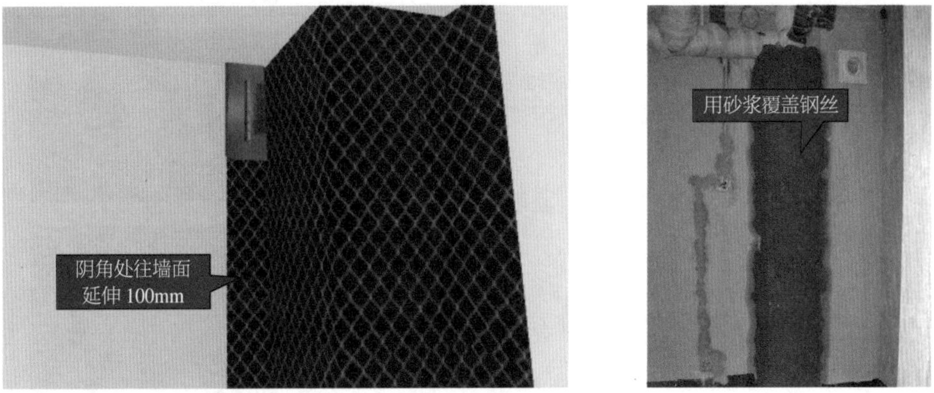

图 4-32　用铁抹子抹面

4.2.4 教你如何验收

红砖砌筑完成后，进行验收，验收的项目包括垂直度及平整度等。见表 4-3。

红砖砌筑验收　　　　表 4-3

项次	项目	允许偏差（mm）	检验方法
1	位置偏移	5	直尺检查
	垂直度	5	靠尺或线坠检查
2	表面平整度	5	2m 靠尺和楔形塞尺检查

4.3 墙面抹灰施工要点与验收

4.3.1 新房墙面抹灰的质量你注意了吗?

新房墙面为什么要抹灰? “灰”通常指的是水泥砂浆。室内墙面一般采用块材砌筑，墙体表明不平，无法在墙体基层上挂腻子、裱糊壁纸等。其次，为了防止墙面开裂，也需要墙面抹灰。墙面抹灰容易出现抹灰层起鼓、门窗框边缝灰出现不塞灰和塞灰不严问题，后者容易造成雨天窗框周围渗水问题。

（1）抹灰层起鼓。相关内容见表 4-4。

抹灰层起鼓原因及图片　　　　表 4-4

问题	原因	图片
抹灰层起鼓	抹灰前没有用水润湿基层，抹灰后砂浆的水分很快被基层吸收，砂浆不能水化，使砂浆与基层的粘结牢固度降低	
	抹灰不分层，一次成活，厚度比较大，太重，容易下坠将灰层拉裂，水泥砂浆不易与基层粘结牢固，出现开裂、起鼓问题	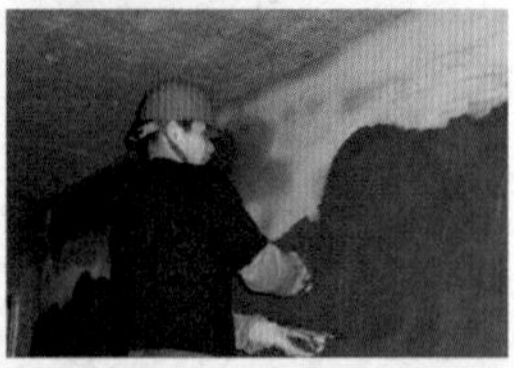
	基层比较光滑，没有进行凿毛处理，水泥砂浆与基层墙面粘结不牢固，导致水泥砂浆脱落	

（2）门窗框边缝灰出现不塞灰和塞灰不严问题，出现窗框两侧裂缝、空鼓，边框边一定要等到发泡胶打好后用水泥砂浆填塞密实，防止开裂。

4.3.2 施工准备

1. 现场准备

（1）墙面铲除至原结构层，并将基层表面修补剔平。

（2）门、窗框与边缝密封，过墙管道、洞口和阴阳角等处应提前找平。

（3）水电及各种管线已安装完毕，并且已经验收合格。

2. 材料准备

材料准备　　表 4-5

名称	介绍	图片
砂子	抹灰用砂不应过细或含泥量过大	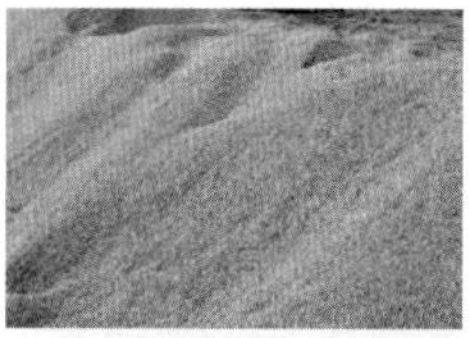
水泥	采用同一批次、同一种规格型号，强度等级一般采用 42.5，同一种类型水泥，严禁不同种类水泥混用，严禁不同强度等级水泥混用，注意出厂日期，不能超过三个月	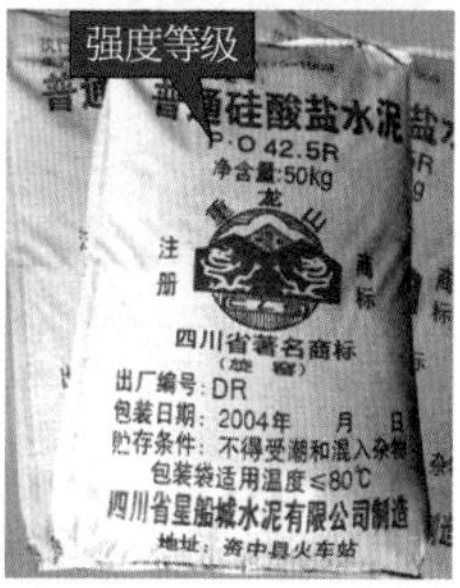
塑料膨胀螺钉	由螺杆和膨胀管等部件组成；一般用于防护栏、雨篷等在水泥、砖等材料上的紧固	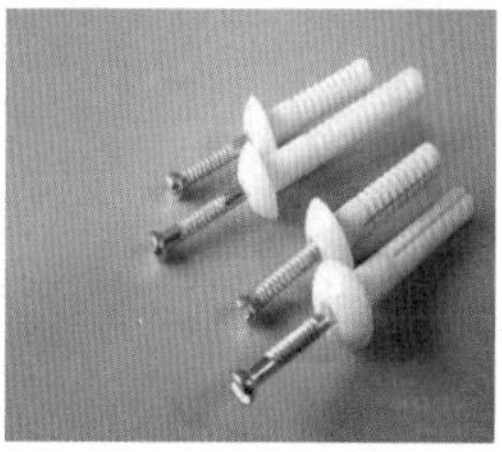

4.3.3 施工流程

清理基层→浇水润墙→弹线、标筋→水泥砂浆制备→抹灰→检查验收。

4.3.4 施工要点

1. 清理基层

（1）用笤帚清扫墙面的灰尘，铲除砂浆及其他残留物等。

（2）墙体表面保持清洁、干燥，若墙面有空鼓、开裂等问题，要把空鼓、开裂的墙面剔除后用水泥砂浆填补。见图 4-33。

图 4-33　用笤帚清扫墙面的灰尘

2. 浇水润墙

对施工墙面进行浇水润湿，用管子自上而下润透，润湿工作在抹灰前一天完成。润墙的目的是防止墙面基层过度吸收水泥砂浆水分，造成收缩空鼓。见图 4-34。

图 4-34　润墙

注：用水管将墙面润湿，润湿 5 ~ 10cm 为宜。

3. 挂网

在混凝土、加气块这类型的墙面材质交接处，应进行满挂钢丝网处理且网格间距为 10 ~ 20mm，钢丝网与材料的搭接宽度不小于 100mm。见图 4-35、图 4-36。

4. 弹线、标筋

（1）用卷尺进行测量墙面上距顶、地面各 200mm，墙面中间分别用墨斗弹线，墙体高度大于 4m 时增加一条水平线，墙体中部每隔 1500mm 弹出垂直线。见图 4-37。

（2）在墨线交点的位置用电钻打孔，将塑料胀塞安装在打好的孔内，再将自攻钉拧入塑料胀塞中。自攻钉的平整度和垂直度用靠尺和拉通线来调整。用水泥砂浆在自攻钉处抹 50mm × 50mm 灰饼，待灰饼凝固后拧出自攻钉。见图 4-38。

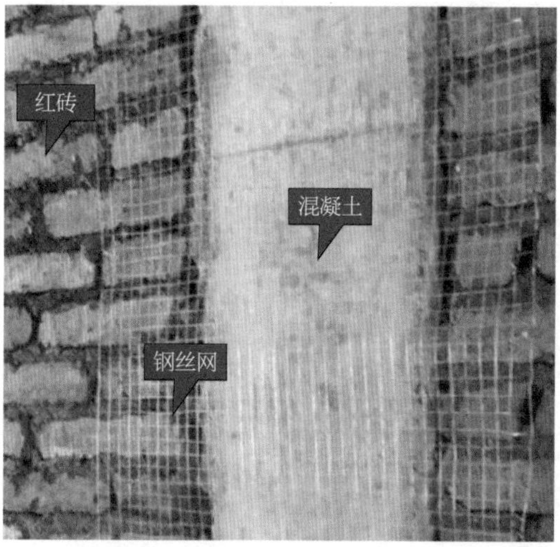

图 4-35　红砖与混凝土材料交接处

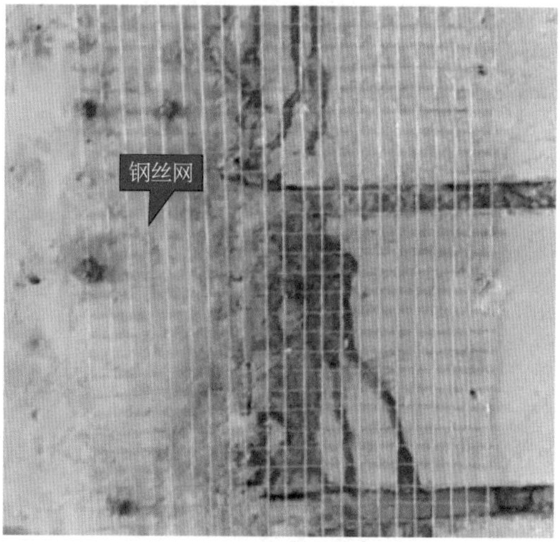

图 4-36　钢丝网

家装妙招 – 抹灰前挂钢丝网的原因

（1）不同材料的热膨胀系数不同，防止在抹灰后接茬处出现裂缝。

（2）墙体同样的材质，如果墙面厚度大于 35mm 时，也需要挂钢丝网，防止墙面抹灰产生龟裂。

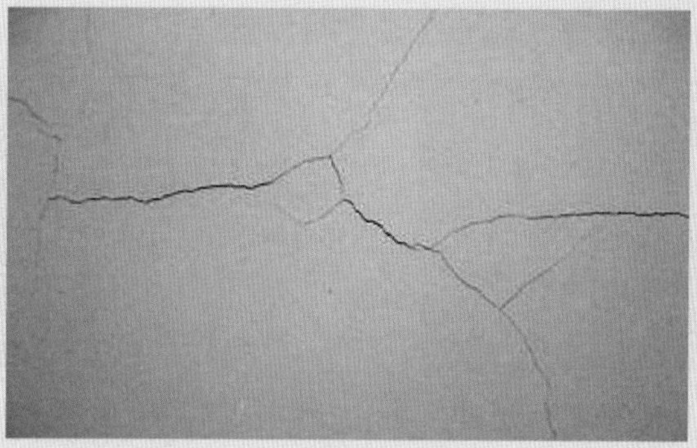

图 4-37　墙面弹线

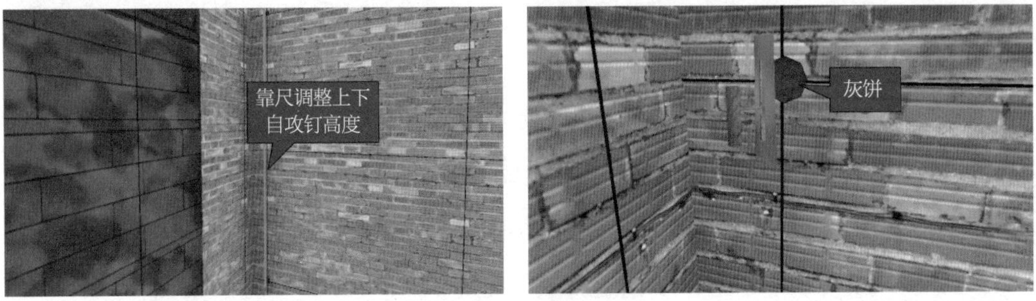

图 4-38　做灰饼

（3）做冲筋。

用线坠吊挂在刮杠上，检查两个灰饼高度是否一致。	用钢抹子在上下灰饼间抹宽度为 8cm 左右的梯形灰带。

在上下两块灰饼间用水泥砂浆做冲筋，并用刮杠刮平。	冲筋做成梯形的原因是便于与抹灰层结合牢固。

图 4-39　冲筋

5. 墙面抹灰

（1）每遍抹灰厚度在 5 ~ 8mm，在浆料初凝前应分层抹平，抹灰总厚度不能超过 25mm。

（2）用托灰板盛上适当水泥砂浆，用抹子以 30° ~ 40° 的倾斜角度刮涂在墙体上，抹灰高度略高于冲筋高度，多出的砂浆用刮杠尺刮平。

（3）墙面有凹处应用水泥砂浆填平，水泥砂浆初凝后用钢抹子压实、溜光。

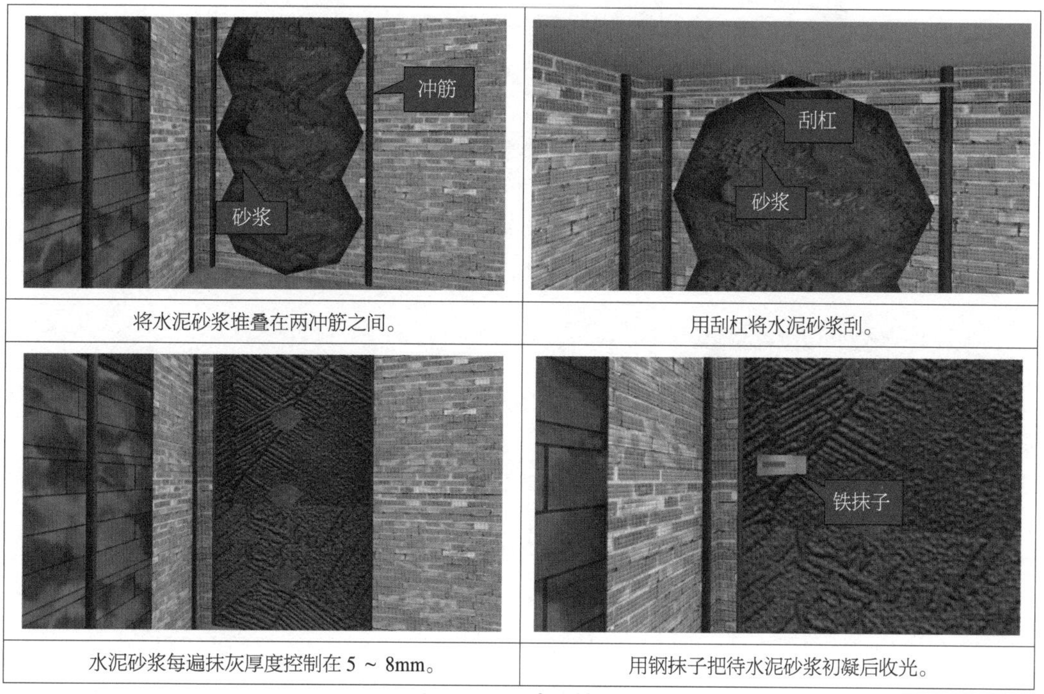

将水泥砂浆堆叠在两冲筋之间。 | 用刮杠将水泥砂浆刮。

水泥砂浆每遍抹灰厚度控制在 5 ~ 8mm。 | 用钢抹子把待水泥砂浆初凝后收光。

图 4-40　墙面抹灰

6. 养护

施工完成后对墙面进行浇水养护，在刮风季节，养护初期必须把门窗封闭，防止过堂风使墙面开裂。

7. 检查验收

水泥砂浆找平后，用靠尺和塞尺对墙面检验，验收合格后方可进行下道工序。见图 4-41。

家装妙招 – 空鼓检查方法

墙面抹灰层空鼓会造成墙面龟裂、脱落，墙面空鼓一定要细致检查。

检查方法：用手（或用响鼓锤）轻敲墙面，听声音，如果声音沉闷，说明墙面抹灰层无空鼓，响声清脆，代表墙面抹灰层有空鼓，如果发现空鼓问题可以用粉笔标记出空鼓范围，便于处理。

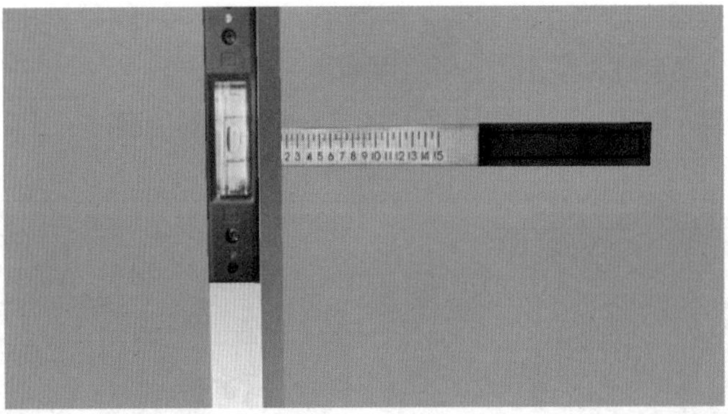

图 4-41 检查验收

注：用靠尺和塞尺对墙面检验，读数小于 2mm 验收合格。

4.3.5 教你如何验收

墙面水泥砂浆抹灰完成后要对墙面的表面平整度、立面垂直度、阴阳角及表面质量问题进行验收。见表 4-6。

水泥砂浆抹灰验收 表 4-6

序号	项目	允许偏差	检验方法
1	表面平整度	≤ 2mm	2m 靠尺、楔形塞尺
2	立面垂直度	≤ 2mm	垂直度检测仪
3	阴阳角顺直度	≤ 2mm	拉 5m 线、不足 5m 拉通线
4	阴阳角方正度	≤ 2mm	直角检测仪检测
5	抹灰层与基层之间粘结牢固、无脱落、无空隙	无	小锤轻轻敲击、目测
6	表观状态	无起砂、裂缝	目测

机具介绍－靠尺

靠尺：垂直度检测，水平度检测、平整度检测，家装监理中使用频率最高的一种检测工具。检测墙面、瓷砖是否平整、垂直。检测地板龙骨是否水平、平整。

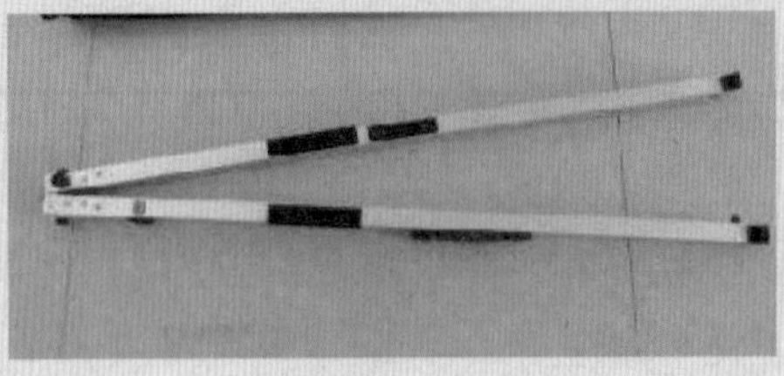

家装妙招 – 抹灰这些事

（1）袋装水泥砂浆在运输和储存过程中，应防止受潮，如发现有结块现象应停止使用，过期的成品砂浆也不得进行使用。

（2）严格按照成品水泥砂浆包装袋标明的配比进行搅拌，可稍微调整加水量，但不得调整过多，且调整好的加水量不得随意变化。

（3）制备水泥砂浆浆料搅拌过程中，严格控制静置时间，使室内添加剂充分溶解，避免使用后出现气泡等问题。

（4）避免在温度变化剧烈的环境下抹灰，最佳施工温度为 10 ~ 30℃。

（5）在水泥砂浆抹灰层未凝结硬化前，应遮挡封闭门窗口，避免通风使水泥砂浆失去足够水化的水。当水泥砂浆凝结硬化以后，应保持通风良好，使其尽快干燥，达到使用强度。

（6）抹灰前应在墙前地下铺设胶合板，使抹灰过程掉下的落地灰可收回继续使用，但已凝结或将要凝结的料浆决不可再次使用。

4.4 水泥自流平地面施工要点

4.4.1 地面装修是否需要做自流平？

自流平地面（图 4-42 ~图 4-44）具有整体无缝，易清理且美观，家庭装修到底需不需要做自流平地面？首先要了解自流平地面的优缺点：

自流平地面优点：（1）自流平地面整体无缝，能够自动找平，地面平整，后期清理容易；（2）家庭装修自流平通常都以水泥自流平为主，造价低，地面效果好；（3）自流平地面具有耐磨损、防水、抗化学腐蚀等特点。

图 4-42 自流平地面

自流平地面缺点:(1)坚硬物体刮碰自流平地面，容易留下刮痕，影响美观;(2)如果地面的落差较大，自流平地面不容易找平;(3)自流平地面在施工时，材料固化时会产生刺鼻性气体，气味对身体有伤害。

图 4-43　自流平地面

图 4-44　地砖铺贴

4.4.2　家庭装修地面铺木地板需要做自流平?

家庭地面装修时，通常需要铺木地板，那铺木地板前是否需要做自流平地面?

(1)自流平地面，通过专门的自流平水泥稀释后，自然流淌平整，自动填补地面上的坑洼，省时省力，在自流平地面上铺上木地板(图 4-45)，能够防止因地面不平整损伤地板，如果地面基层不平整，还可能造成地板互相摩擦，产生噪声，影响地板的使用寿命;

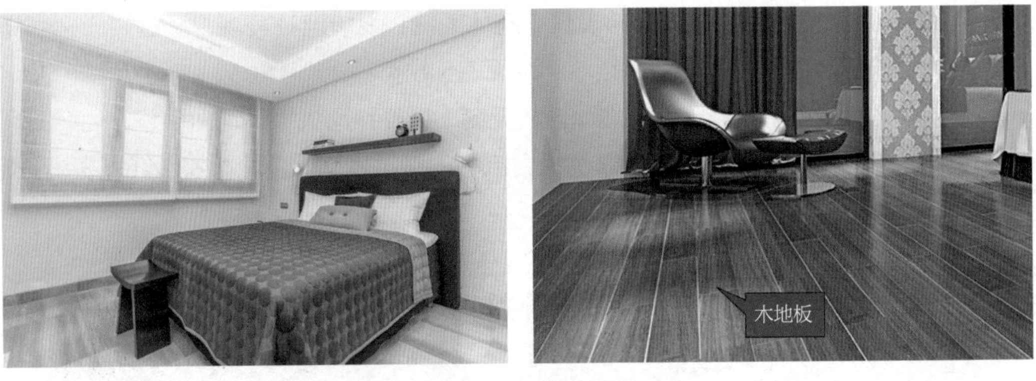

图 4-45　木地板地面

(2)自流平水泥加上添加剂后，本身的含水率不高，铺在地板的下面能够起到很好的隔水作用，防止木地板受潮，用专业的自流平水泥进行;

(3)目前很多木地板都是采用浮铺式，通过自流平地面，能够减少地板与踢脚线底部的缝隙，更加美观。见图 4-46。

图 4-46 地板与踢脚板

4.4.3 自流平地面与装修风格

装修风格与界面材料有很大的关系，目前很多自流平地面也可以直接作为地面的饰面层，自流平地面特有的灰色色调与工业风格装修相吻合，很多人很喜欢这种淳朴的风格。随着复古情怀（图 4-47）的流行，水泥自留平地面逐渐在个性的咖啡店、酒吧等开始流行。当然这种装修方式与传统的水泥地面还是有所差别的，自流平更加光滑自然，能够很自然的融入到个性的家居空间中，视觉效果比较前卫。

图 4-47 复古风格地面

4.4.4 地面及施工准备

1. 基础地面的要求

（1）水泥砂浆与地面间不能空壳。

（2）水泥砂浆面不能有沙粒，砂浆面保持清洁。

（3）水泥面必须平整，要求 2m 范围内高低差小于 4mm。

（4）地面必须干燥，含水率用专用测试仪器测量不超过 17 度。

2. 施工前的准备

（1）在自流平水泥施工前，需先用打磨机对基础地面进行打磨，磨掉地面的杂质，浮尘和沙粒。

（2）清洁好地面后，上自流平水泥前必须用表面处理剂处理，按要求稀释处理剂，用羊毛滚按先横后竖的方向把地面处理剂均匀的涂在地面上。要保证涂抹均匀，不留缝隙。

3. 材料准备

材料准备　　表 4-7

名称	用途	图片
界面剂	界面剂通常用于混凝土表面，可以使基层表面变得粗糙，可增加对基层的粘结力，避免抹灰层空鼓起壳，代替人工凿毛处理工艺	
自流平水泥	自流平水泥是一种比较复杂的高新环保产品。它是由多种活性成分组成的干混型粉状材料，现场拌水即可使用。其安全、无污染、美观、快速施工与投入使用，是自流平水泥的特点	

家装妙招－自流平水泥 VS 普通水泥

特性	自流平水泥	普通水泥
流动性	自流平水泥具有流动性特点，施工时，只需要专业工具即可完成	不具备流动性，需要专业的瓦工，普通水泥砂浆找平地面达到一定厚度，通常 25 ~ 30mm，才能保证不空鼓、起砂等问题
凝结时间	干得快，施工后 24h 即可进行下一步工序（铺木地板、地毯等）	速度慢，养护时间需要一到两个周

4.4.5　施工流程

基层清理及处理→基层检查→设置分段条→涂刷界面剂→自流平水泥施工→地面养护→切缝、打胶→地面验收。

4.4.6　施工要点

1. 基层清理及处理

用测试仪测试地面的含水率。若含水率为 7.9%，则符合施工要求。将尘土，不结实的混凝土表层、油脂、水泥浆或腻子以及可能影响粘结湿度的杂质清理干净。见图 4-48、图 4-49。

图 4-48　含水率测试

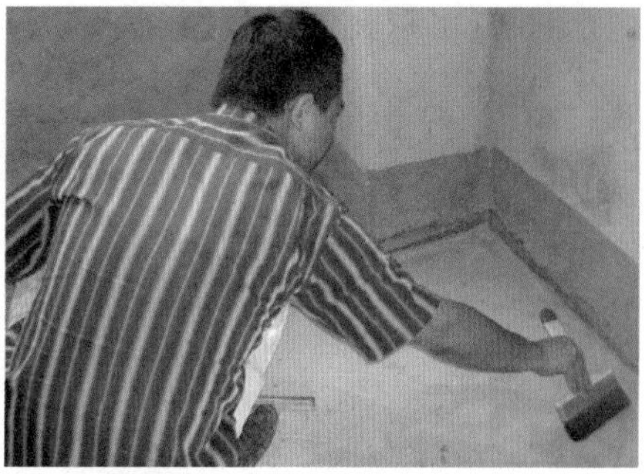

图 4-49　清除砂浆及浮土

2. 基层检查

基层检查见图 4-50。

	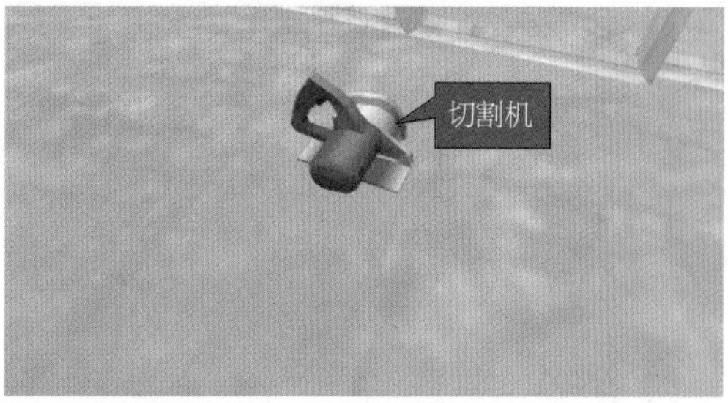
用空鼓锤，敲击地面查看地面是否有空鼓。	如有空鼓，用切割机，对地面上的空鼓的位置切割。
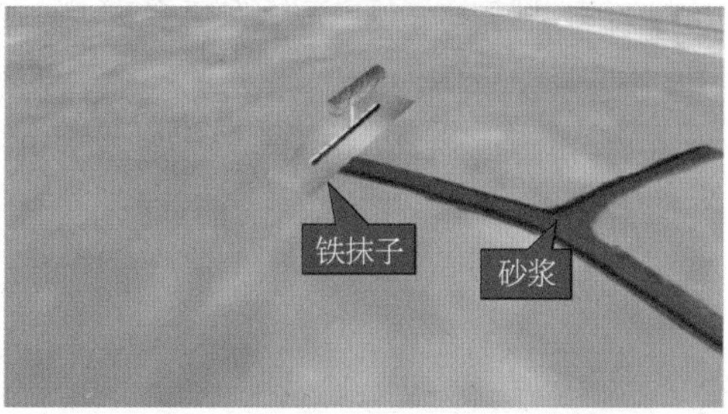	
切割后，用铁抹子，将砂浆抹在凹槽处。	干燥后，用吸尘器，处理地面的尘土。

图 4-50　基层检查

机具介绍 - 切割机

切割机安装完毕后，接通电源检查整机各部分转动是否灵活，各紧固件是否松动。接通电源，按下主机按钮，刀片转向是否与箭头方向一致。若反向立即调整。检查完毕后即可使用。

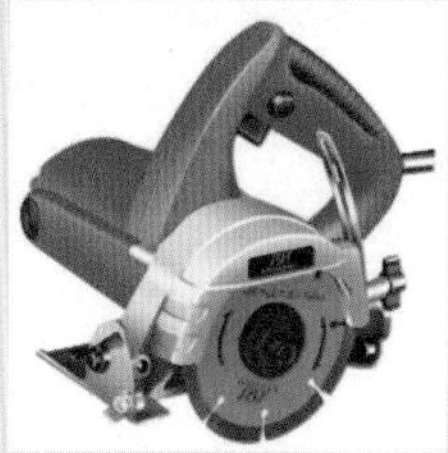

3. 涂刷界面剂

滚刷，在地面滚涂界面剂，让自流平水泥与地面衔接牢固，有效避免空鼓，用羊毛滚均匀的涂刷在基层上，不得让其形成局部积液；对于吸水能力强且干燥的基底要处理两遍，并且要确保界面剂完全干燥、无积存后，方可进行下一步工序的施工。见图 4-51。

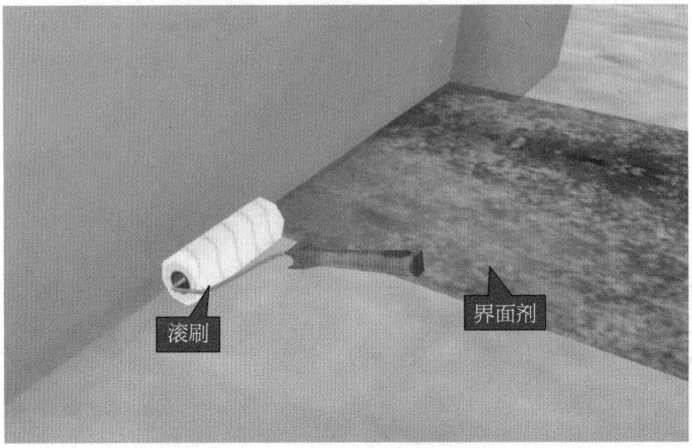

图 4-51　涂刷界面剂

4. 自流平水泥施工

用涂料桶，将搅拌好的自流平材料倒到地面上，用刮板，将铺摊好的料浆摊开，并控制合适的厚度。然后用消泡滚筒，滚轧浇注过的地面，排出搅拌时带入的空气，避免气泡。消泡滚筒滚过水泥地面时不会在上面留下什么痕迹且将地面的凹凸点滚平。见图 4-52、图 4-53。

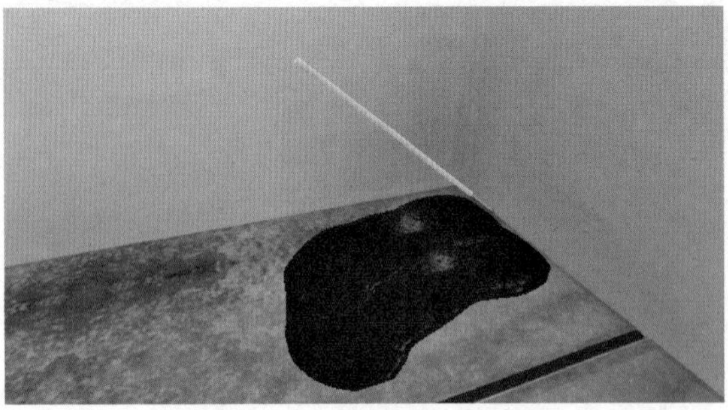

图 4-52　摊开自流平材料

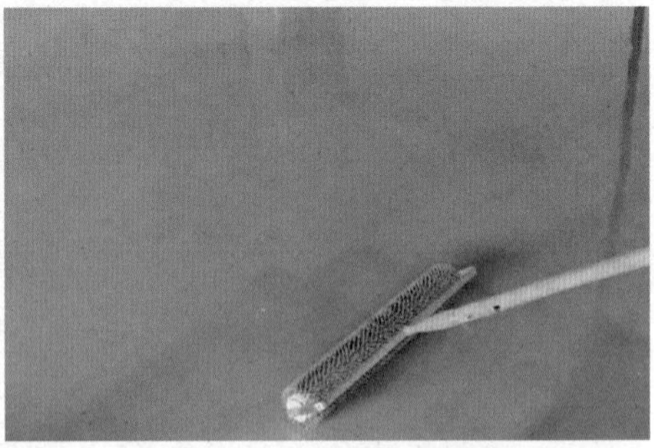

图 4-53　消泡滚筒滚轧地面

5. 地面养护

完成施工地面只需在施工条件下进行自然养护，做好成品的保护，养护期间应避免阳光直射，墙风气流等，一般 8 ～ 10h 后即可上人行走，24h 后即可进行其他作业。

家装妙招－自流平水泥与水 =1：2

普通的水泥是与沙子拌合使用，自流平水泥就是让水泥在地面上自由流动，自流平水泥是与水拌合使用，但又不可加入过多水，不然干燥后强度不够，通常自流平水泥与水的比例是1:2。

图 4-54　地面养护

家装妙招－自流平地面施工这些事

（1）干燥地面的温度不应低于 10℃，地面相对湿度应保持在 90% 以下；无雨雪，不要有过强的穿堂风，以免造成局部过早干燥。若夏季炎热温度较高，宜选择夜间施工。

（2）施工时最好使用干净的自来水，以免影响表面观感质量。

（3）自流平地面必须连续施工，中间不得停歇；加水后的使用时间为 20 ~ 30min，超过后自流平砂浆将逐渐凝固，产生强度而失去流动性。

（4）刷第二道界面剂之前和自流平施工前，界面剂表面要干燥，以便获得更好的粘结性。施工时应注意保持通风。

4.5 陶瓷地砖铺贴前的这些事

4.5.1 如何选择地砖

市场上瓷砖的种类很多，特别是对于第一次装修的业主而言，需要投入很大的时间和精力去逛材料市场，每个商家都说自己的瓷砖好，但最后的结果是业主也是无法确定瓷砖到底选什么种类？什么规格尺寸？什么颜色？

（1）客厅地砖尺寸：现在地砖客厅使用最多的地砖规格是 500mm×500mm、600mm×600mm、800mm×800mm、1000mm×1000mm，客厅使用比较多的是 600mm、800mm，同一个客厅面积，600mm 的砖比 800mm 砖铺的数量多，视觉上会产生空间扩张感，同时铺贴时产生的下脚料要少。如果客厅面积比较大建议铺 800mm、1000mm 规格的地砖，这样显得客厅大气。一般情况下客厅面积小于 $40m^2$ 建议选择 600mm 规格尺寸，大于 $40m^2$ 选择 800mm、1000mm 规格。见图 4-55、图 4-56。

图 4-55　客厅 800mm×800mm 地砖

图 4-56　客厅 600mm×600mm 地砖

（2）厨房地砖尺寸：根据厨房格局选择瓷砖规格，如果厨房是开放式，可以选择一个规格较大的地砖例如 600mm×600mm、800mm×800mm，如果厨房面积较小建议选择 300mm×300mm，小厨房不宜使用尺寸过大的地砖，否则影响整体效果。见图 4-57。

（3）阳台地砖尺寸：阳台地砖在选购时，由于阳台面积不大，建议选择规格较小的地砖，一般选择 300mm×300mm，小面积的瓷砖的装饰效果要好。见图 4-58。

瓷砖的种类很多，目前市场上主要有釉面砖、玻化砖、抛光砖、通体砖、马赛克等种类。

（1）釉面砖：釉面砖的表面经过烧釉处理，图案相对抛光砖来说更加丰富，抗污能力较好，但是釉面砖的表面使用了釉料，没有抛光砖耐磨，主要适用范围：卫生间、阳台、厨房等。见图 4-59。

图 4-57　厨房地砖

图 4-58　阳台地砖

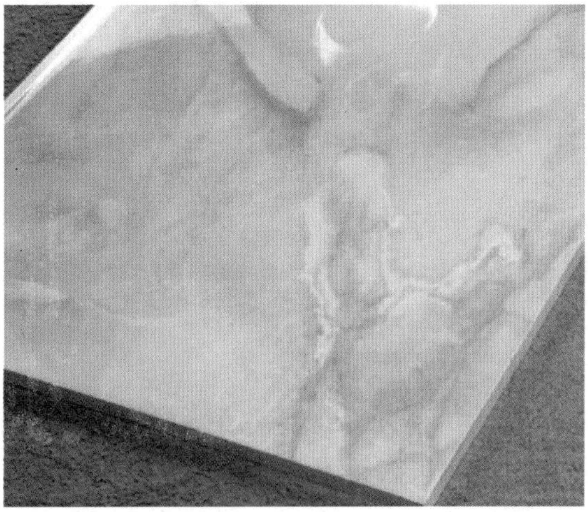

图 4-59　釉面砖

（2）玻化砖：是指石英砂和泥按照一定的比例烧制而成，经过打磨光亮，是瓷砖最硬的一种，玻化砖属于抛光砖的一种。主要使用范围：卧室、走廊、客厅等。见图 4-60。

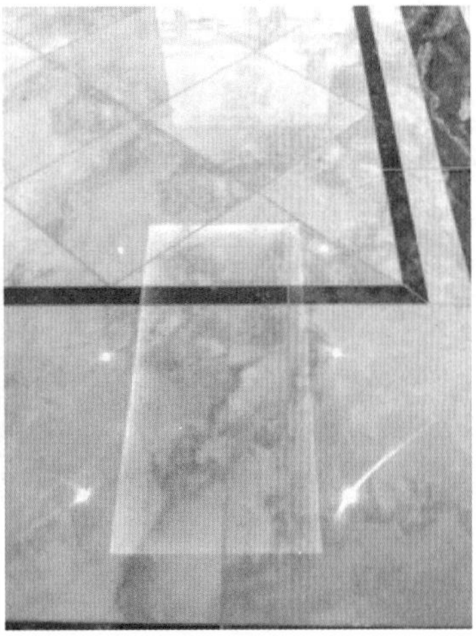

图 4-60　玻化砖

（3）抛光砖：通体砖经过打磨和抛光的砖，表明比较光洁。抛光砖的硬度非常高，很耐磨，采用渗花技术，抛光砖能做出仿石、仿木的效果。主要适用范围：除了卫生间、厨房外其他区域都适用。见图 4-61。

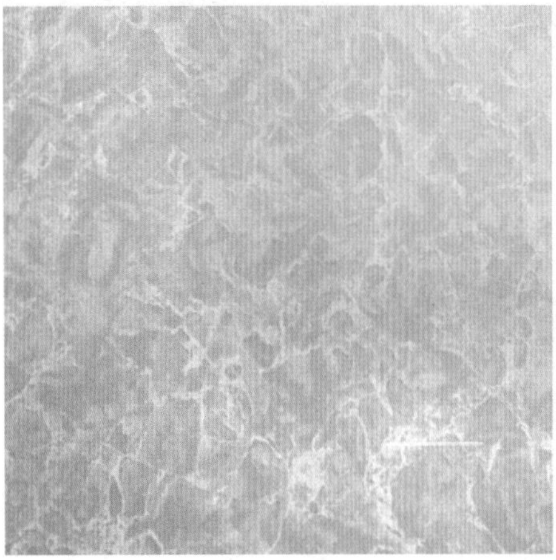

图 4-61　抛光砖

（4）通体砖：通体砖的表面不会上釉，砖的正反面都一样，很耐磨，但是通体砖的花色比釉面砖差。主要适用范围：过道、室外走廊、很少用在墙上。见图 4-62。

（5）马赛克：有瓷砖马赛克、玻璃马赛克，非常耐磨、耐酸碱，抗压力非常强。主要适用范围：室内外地面、墙面等。见图 4-63。

图 4-62　通体砖

图 4-63　马赛克

4.5.2　卫生间装修地砖该怎么选择，不仅是防滑？

卫生间是家里潮气比较重的空间，卫生间装修时，该怎么选择瓷砖既美观又实用呢？在选择地砖时需要注意以下几点：

吸水性。卫生间由于湿气大，尽量采用吸水率的瓷砖，能保证卫生间瓷砖的水分很快蒸发。

家装妙招 – 如何鉴别吸水性

用自来水滴在瓷砖的背面，过几分钟后观察扩散程度，若水滴没有扩散开，或者扩散的很小，说明该瓷砖不吸水，表示吸水率低，品质好。

防滑性。卫生间用水的地方比较多，瓷砖太光滑，容易摔倒，选购瓷砖时注意防滑性，一般通体砖或釉面砖，防滑性较好，除了防滑性外，还要注意瓷砖的硬度。瓷砖的施釉质量不好，容易藏污，且难清理，需要注意没有施釉的瓷砖不可用在卫生间。

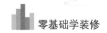

瓷砖密度。选砖时从侧面观察瓷砖是否平整，如果不平，造成地砖铺贴后产生地面不平问题；瓷砖背面是否出现粗细不匀的针孔；敲击瓷砖听声音辨别瓷砖的密度，声音越清脆，瓷砖密度质量越好。

家装妙招－如何鉴别瓷砖硬度

在选择瓷砖时，可用随身带的钥匙在瓷砖表面进行刮擦，若出现划痕说明硬度不好。

瓷砖颜色。瓷砖颜色要与室内风格相协调，需要注意空间较小的卫生间瓷砖（图4-64），颜色选择上以浅色调为主，能够有宽敞明亮的感觉。通常深色砖比较适合受光面大、采光充分的房间，不建议在采光好的空间选择亮光砖，当光线照射地砖时反射会过于强烈。

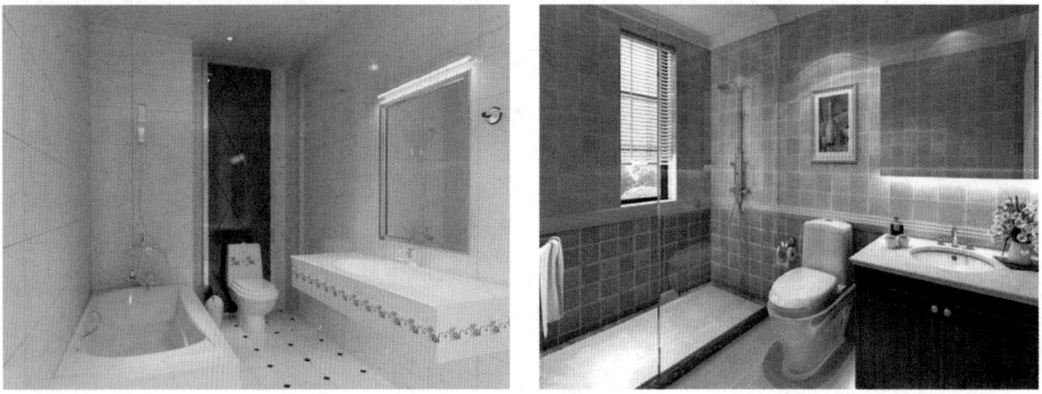

图4-64　卫生间瓷砖

4.5.3　装修瓷砖选购常见误区

（1）盲目搭配腰线。在厨房、卫生间空间墙面砖中有时用腰线砖能够反映出主人的个性、品味及生活情趣等，特别是在选砖时，有时促销员会劝你购买腰线砖，腰线砖价格比普通砖要高，但是并不是所有空间中都适合采用腰线砖，如果厨房、卫生间的高度不够，腰线会分割墙面高度，让空间显得更加矮；腰线的高度一般为80～90cm，与橱柜的高度差不多，腰线与橱柜高度差不多，让空间显得凌乱；此外小户型最好还是不要用腰线，否则本来就小的空间容易被腰线分割的支离破碎。见图4-65、图4-66。

图 4-65　卫生间腰线效果

图 4-66　厨房腰线

（2）买多了退货麻烦。瓷砖的用量其实一开始只是估值，在施工过程中要进行切割，难免产生浪费问题，一般瓷砖都以多出铺贴总面积的 5% ~ 8% 为宜，瓷砖由于不同炉出品会出现色差，如果瓷砖不够了，再去购买，可能与先前购买的瓷砖颜色略有差别，消费者可以多购买些瓷砖，铺贴后剩余的瓷砖，对于品牌瓷砖卖家可以按照合同规定进行退货，需要注意的事是购买前一定要签合同。

（3）过于关注瓷砖花色。消费者购买瓷砖时第一位首先考虑的是否好看，一股脑的把花色瓷砖铺满了墙地面，瓷砖款式花色过于混杂，不适合日常生活的环境，花色多、花色漂亮要与家的整体风格氛围相统一，否则容易造成花朵眼乱的环境。

（4）亚光砖不容易清洁。很多人购买砖时觉得亚光釉面砖相对于亮面砖容易吸脏，其实大部分亚光砖表面的釉面都经过特殊处理，耐磨、防滑、不吸脏。

（5）瓷砖越厚越好。很多消费者在选购瓷砖时，发现瓷砖有厚有薄，以为瓷砖越厚越结实，事实上瓷砖的强度在于抗裂性，不在于厚度，未来瓷砖的发展方向是薄、轻、耐用等。

4.5.4　装修铺瓷砖还是木地板？

地面装修用瓷砖还是木地板哪个好，其实两种材料各有利弊，关键看消费者主要侧重哪一方面，这是一个装修前需要好好考虑的问题，否则装修后后悔受罪。见表 4-8、图 4-67、图 4-68。

瓷砖与木地板对比　　表 4-8

材料	优点	缺点
瓷砖	1. 瓷砖地面光滑、硬度比较高，生活中容易清洁； 2. 瓷砖的颜色款式比较多，选择余地比较大，装修效果丰富； 3. 瓷砖防火、防水，坚固耐用，使用寿命比木地板时间长； 4. 散热性好，北方冬天在有地暖的家庭中地面明显比木地板暖和	1. 使用舒适性、保温性差； 2. 质量差的瓷砖会有放射性污染； 3. 成本较高，铺装复杂，施工繁琐； 4. 地面有水容易打滑、摔跤

续表

材料	优点	缺点
木地板	1. 木地板脚感舒适，降低对楼板撞击噪声； 2. 木地板纹路自然，美观，保温性好； 3. 施工简单，安装简便，前期地面做自流平地面即可铺装	1. 木地板比较容易变色，被水浸泡后容易起翘； 2. 伸缩性较大，特别是随着天气的变化产生热胀冷缩，对木地板造成影响； 3. 质量不好的木地板甲醛含量高，引起室内污染； 4. 木地板购买价格比同档瓷砖稍贵

图 4-67　木地板

图 4-68　瓷砖

4.5.5　装修瓷砖该买多少？看懂瓷砖规格再算用量

消费者首先要确定好所用瓷砖的规格尺寸，前面已经讲过，不再重复。如果瓷砖想计算的准确，避免日后退还麻烦，最好的方法是画出详细的图纸并表明尺寸，在图上数瓷砖的数量，加上损耗较准确，一次性算好用量，宁多勿少。

1. 学会计算用量

瓷砖总片数：瓷砖铺贴面积（m^2）÷ 单片瓷砖的面积（瓷砖长 × 宽）×（1+ 损耗率），一般来说瓷砖的总体损耗率在 5%，如果是异形砖，如果最后出现小数点，要向上取整。

腰线数量：腰线长度（m）÷ 单片腰线的长度（m）

踢脚线数量：总长度 ÷ 单片踢脚线的长度，出现小数采用进一步取整的方式。

2. 教你如何省钱

（1）面积计算不要太相信导购，导购为了促销会少算面积，补砖时发现大大超出预算；

（2）跟导购砍价时，先砍单价，单价虽然能讲下来一块钱，如果乘上用砖的数量，总价就减下来不少。单价讲完后再讲总价，要求卖家抹零去尾，又可以省下一部分。卖家如果实在不降价，可以要求卖家增加多退少补的次数，合同中明确补退换次数，费用由商家承担。

4.5.6　客厅铺地砖有什么好处？

很多业主都在纠结自己家的客厅装修是铺地砖好呢？还是地板？这个问题不能一概而论，需要结合业主的实际情况定夺，家庭装修中，没有最好，只有适合。那客厅铺地砖有什么好处？

（1）环保性。地砖没有胶，不会散发甲醛等有害气体，环保性好且寿命较长。

（2）不变形。地砖的硬度高，不用担心拖拽桌椅对地面的损坏，对比木地板，地砖更容易清洁，不用担心受潮问题，且不易藏污纳垢。

（3）色彩及规格多样。目前材料市场上地砖有多种规格且花色多样，不用装修风格，都能找到与风格相搭配的地砖类型，巧妙的地砖设计能增添业主的装修品质。

4.6 陶瓷地砖施工要点与验收

4.6.1 陶瓷地砖施工准备

（1）地面的管线施工完成且验收合格；有防水要求的房间应完成地面防水及防水保护层施工并完成一次闭水试验合格。

（2）墙面粉刷已完成，内墙和房间的 +50cm 标高控制线弹好并校核无误。

4.6.2 陶瓷地砖施工材料

根据陶瓷地砖构造做法，用到的主要材料有地砖、普通硅酸盐水泥、矿渣硅酸盐水泥、中砂、粗砂等。见表 4-9。

陶瓷地砖施工材料　　表 4-9

名称	性能	形式
陶瓷地砖	瓷砖，是以耐火的金属氧化物及半金属氧化物，经由研磨、混合、压制、施釉、烧结过程，而形成的一种耐酸碱的瓷质或石质等，建筑或装饰材料，称之为瓷砖。其原材料多由黏土、石英砂等等混合而成。主要包括抛光砖、玻化砖、釉面砖，规格主要有 600×600、800×800、300×300、330×330、1000×1000 等	
水泥	地砖铺贴时，采用强 度等级不小于 425 普通硅酸盐水泥或矿渣硅酸盐水泥。注意水泥的保质期及不同等级的水泥严禁混用	
砂子	采用中、粗混合砂，含泥量不大于 3%，要过 5mm 孔径筛子	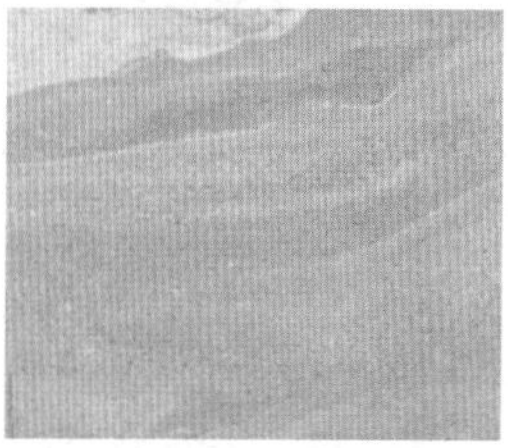

家装妙招－瓷砖铺贴前需要了解的事

1. 购买瓷砖后，一般工人师傅只负责到楼下，如果搬到楼上需要另外加钱；

2. 安装门与瓷砖铺贴的先后顺序问题，卧室门一般是先铺贴地砖完成后再安装门，注意房门定做的时候需要预留好地砖高度；

3. 现在铺贴瓷砖的工人费用每平方一般在 35 ~ 45 元，还要看平方数及户型；

4. 为避免瓷砖砖缝日后成为一条黑缝，可采用美缝剂进行处理。

4.6.3 陶瓷地砖施工流程

基层处理→弹线→瓷砖浸水湿润→摊铺干硬性水泥砂浆→安装标准块→铺贴地面砖→勾缝→清洁→养护→分项验收。

4.6.4 陶瓷地砖施工要点

1. 基层处理

将楼地面上的砂浆污物、浮灰、油渍等清理干净并冲洗晾干。见图 4-69。

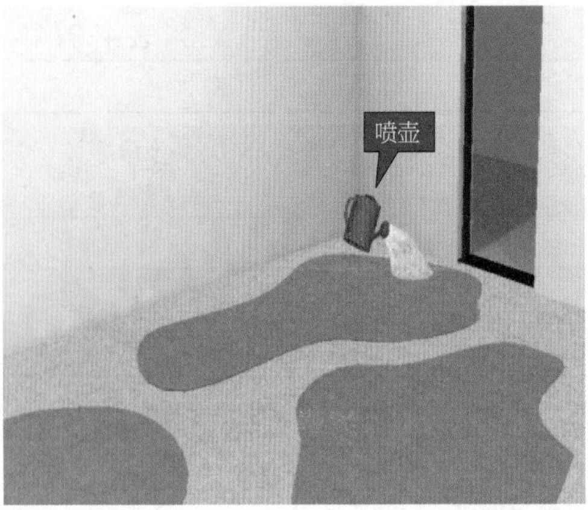

（a）

（b）

图 4-69 基层处理

（a）用 10% 火碱水清除地面油污；（b）清除地面浮土

2. 弹线

施工前在墙体四周弹出标高控制线。找出面层的标高控制点。见图 4-70。

3. 瓷砖浸水湿润

地砖应提前 12h 放在水中浸泡，清洗地砖背面的灰尘、杂物，阴干时间为 30 ~ 40min。见图 4-71。

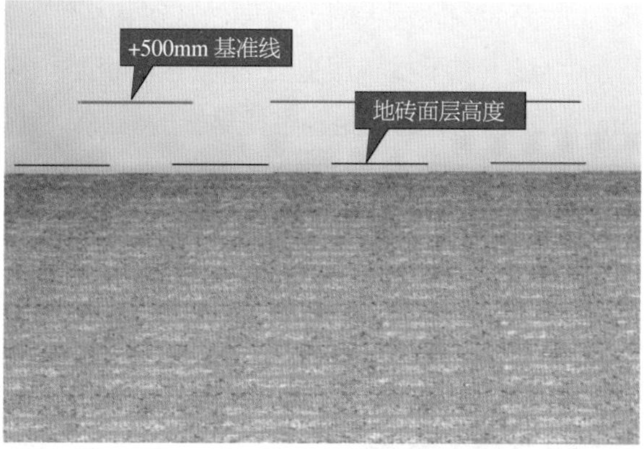

图 4-70　墙面弹线

注：利用红外线激光定位仪、卷尺等工具在四周墙、柱面上弹出 +500mm 闭合水平基准线，在墙上，往下量出地砖面层标高。

图 4-71　浸砖

4. 抹找平层

（1）洒水湿润。在清理好的基层上，用喷壶将地面基层均匀洒水一遍。见图 4-72。

图 4-72　洒水润湿

（2）抹灰饼和标筋。地面面积比较大时，需要做灰饼和标筋（家庭装修一般省略此步骤）从已弹好的面层水平线下量至找平层上皮的标高（面层标高减去砖厚及粘结层的厚度），抹灰饼间距 1.5m，灰饼上平就是水泥砂浆找平层的标高。从房间一侧开始抹标筋。抹灰饼和标筋应使用干硬性砂浆（砂浆达到手握成团，落地开花），厚度不宜小于 2cm。见图 4-73、图 4-74。

图 4-73 灰饼

图 4-74 标筋

装档（即在标筋间装铺水泥砂浆）。清净抹标筋的剩余浆渣，涂刷一遍水泥浆（水灰比为 0.4 ～ 0.5）粘结层，要随涂刷随铺砂浆。见图 4-75。

<table>
<tr><td>
</td><td>
</td></tr>
<tr><td>根据标筋的标高，用小平锹或木抹子将已拌合的水泥砂浆（配合比为 1：3 ～ 1：4）铺装在标筋之间。</td><td>用木抹子摊平、拍实。</td></tr>
<tr><td colspan="2">
</td></tr>
<tr><td colspan="2">木杠刮平，再用木抹子搓平，铺设的浆与标筋找平，24h 后浇水养护。</td></tr>
</table>

图 4-75 装档

5. 弹铺砖控制线

找平层养护完成后，上人弹砖的控制线。根据砖板块规格尺寸，确定板块铺砌的缝隙宽度，当设计无规定时，紧密铺贴缝隙宽度不宜大于 2mm。

在房间中，从纵、横两个方向排尺寸，当尺寸不足整砖倍数时，将非整砖用于边角处，横向平行于门口的第一排应为整砖，将非整砖排在靠墙位置，纵向（垂直门口）应在房间内分中，非整砖对称排放在两墙边处。根据已确定的砖数和缝宽，在地面上弹纵、横控制线（每隔 4 块砖弹一根控制线）。

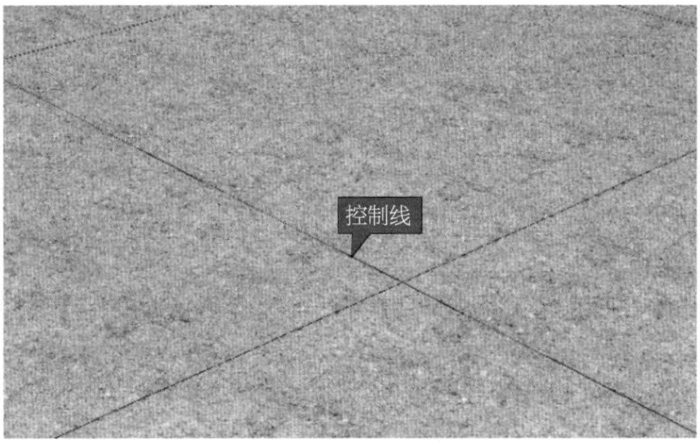

图 4-76 弹铺砖控制线

6. 铺砖

为了找好位置和标高，应从门口开始，纵向先铺 2 ~ 3 行砖，以此为标筋拉纵横水平标高线，铺时应从里向外退着操作，人不得踏在刚铺好的砖上，每块砖应跟线。见图 4-77。

（1）找平层上洒水湿润，均匀涂刷素水泥浆（水灰比为 0.4 ~ 0.5），涂刷面积不要过大，铺多少刷多少。	（2）水泥砂浆铺在素水泥浆上层，厚度为 10 ~ 15mm。

图 4-77 铺砖（一）

（3）选择地砖预铺。	（4）用橡皮锤轻敲地砖四周，掀起地砖查看砂浆是否有空隙，修补干硬性水泥砂浆。

（5）砖的背面朝上抹粘结砂浆	（6）铺完 2 ~ 3 行，应随时拉线检查缝格的平直度，用橡皮锤拍实。

图 4-77　铺砖（二）

7. 勾缝擦缝

面层铺贴应在 24h 内进行擦缝、勾缝工作，并使用同品种、同标号、同颜色的水泥。见图 4-78。

勾缝，用 1∶1 水泥细砂浆勾缝，缝内深度为砖厚的 1/3，要求缝内砂浆密实、平整、光滑。擦缝，用干水泥撒在缝上，再用棉纱团擦揉，将缝隙擦满。	养护：铺完砖 24h 后，洒水养护，时间应不少于 7d。

图 4-78　勾缝擦缝

8. 镶贴踢脚板

为什么要安装踢脚板？安装踢脚板的作用主要是为了防止墙体底部被损坏，或是在打扫卫生时，弄脏墙体底部。目前，家庭踢脚板高度一般为 6.6cm 或 7cm，室内装修看上去更加秀气、美观。踢脚板的选择，如果地面是瓷砖则选择与其颜色配套的瓷砖踢脚板，如果是木地板，则选择 PVC 或实木踢脚板。

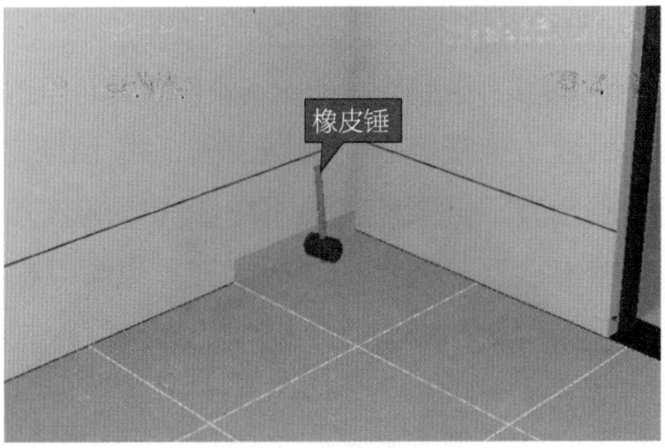

图 4-79　安装踢脚板

注：铺设时应在房间墙面两端头阴角处各镶贴一块砖，砖上楞为标准挂线开始铺贴。砖背面朝上抹粘结砂浆，砖上楞要跟线且立即拍实，脚板的立缝应与地面缝对齐。

4.6.5　教你如何验收

陶瓷地砖铺贴完成后，可以从地砖的平整度、地砖之间的接缝及踢脚板上口平直度进行检查。见表 4-10。

验收项目　　　　表 4-10

项次	项目	允许偏差（mm）	检验方法
1	表面平整度	1.0	用 2m 靠尺和楔形塞尺检查
2	缝格平直	2.0	拉 5m 线，不足 5m 者拉通线和尺量检查
3	接缝高低	0.5	尺量和楔形塞尺检查
4	板块间隙宽度	1.0	尺量检查
5	踢脚线上口平直	1.0	拉 5m 线和尺量检查

家装妙招 – 先铺地砖还是墙砖

厨房、卫生间等墙面、地面如果都是采用砖，那到底先铺什么？新铺的地砖一般需要养护三天才能上人，为了不影响施工进度，一般先铺墙砖；墙砖铺时，容易弄脏地面，铺墙砖工期较长因此一般先铺墙砖，最后铺地砖。

第 5 章　木工施工

5.1　木工能干什么活？

家庭装修中，无论是吊顶、电视墙、门窗施工等，木工的装修是必不可少的，木工是在瓦工完工的基础上进行施工，主要包括吊顶、隔墙、家具、门套、窗套、影视墙、背景墙及灶台柜体等，当然电视柜、鞋柜、衣柜等家具也可以根据现场尺寸进行工厂加工，此外木工的工作范围还包括部分基础油漆，木制品清漆、木制品实色漆等。见图 5-1、图 5-2。

图 5-1　轻钢龙骨吊顶

图 5-2　鞋柜

5.1.1　木工进入现场的注意事项

（1）木工工具问题。木工进入现场后需要自带工作台（图 5-4）、空气压缩机（图 5-3）、工具箱等，特别是工作台，有时木工会用业主买的板材，你要知道，一张板材可能需要 300 ~ 400 元的价格，这样的话就白白的给木工使用了，在装修前一定给装修公司或木工说清楚。

（2）依据现场核实图纸。木工依据设计图纸进行现场尺寸核验，最后复核好尺寸后签字。对于业主而然，高层装修时，注意细木工板、生态板、石膏板等板材的尺寸一般为 1220mm ~ 2440mm，一定量好尺寸，否则电梯装不下，需要人工爬楼梯搬运，如果爬楼梯搬运的话，那是按照每一层楼进行收费，搬运费用会很高。

（3）板材现场检查。板材运到现场后，业主需要认真检查板材的品牌等是否与合同

图 5-3　空气压缩机

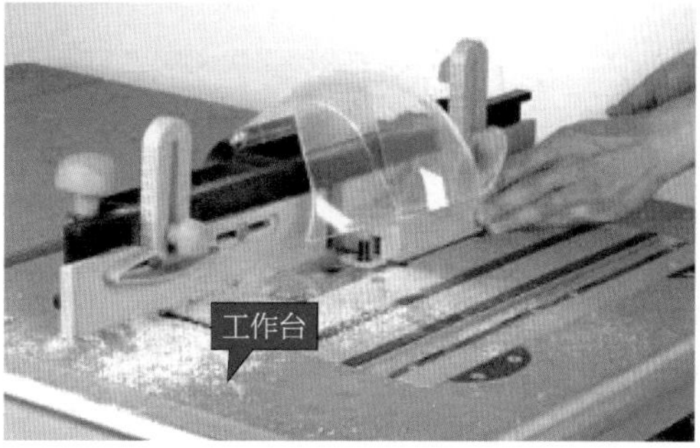

图 5-4　工作台

一致，防止以次充好，板材好多时候用在隐蔽性工程上，消费者从外观是无法看到的。目前常用的木工板材有细木工板、杉木板、刨花板或密度板、生态板。见表 5-1。

板材介绍　　表 5-1

名称	介绍	图片
生态板	环保效果较好，整体效果不错，生态板颜色丰富，木工现场用钉子直接固定，采用收边条直接粘接，强度高，比较实用	
杉木板	环保性较好，直接在杉木上进行上漆或者贴壁纸等，胶水用得比较少，最大的缺点是容易变形，在上漆时底漆及面漆注意环保	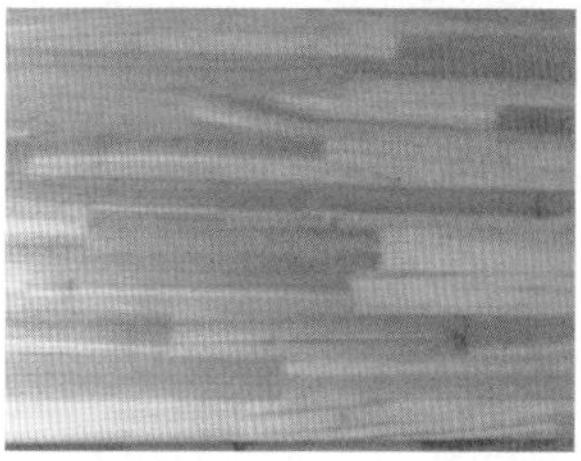
刨花板或密度板	花色丰富，整体效果好，环保性比细木工板好，板材的密度不好，是最美观的板材	
细木工板	环保性差，需要在细木工板外刷大面的胶水来贴饰面板，板材不容易变形，判断细木工板的质量，要看板材的中间是否夹杂树皮等杂物及中间板条的空隙，有的话说明质量差	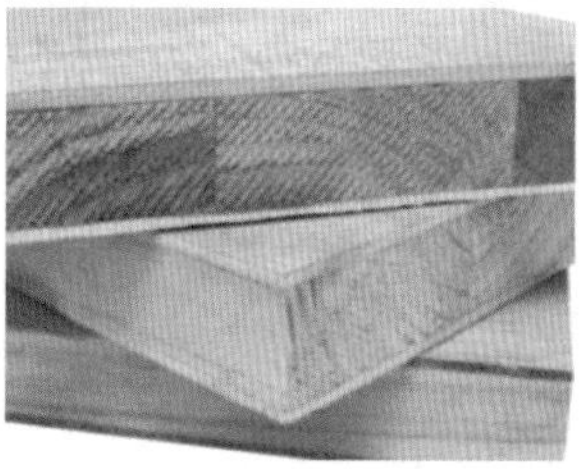

5.1.2 柜子是木工做好？还是买成品好？

家庭木制品包括衣柜、鞋柜、吊柜、电视柜、床体以及酒柜等，很多装修业主比较纠结家里的柜子是木工做好，还是买成品好。家庭木制品主要有几种方式：木工制作，很多装修公司一般要求用木工做衣柜，这样有利润点；买成品衣柜，现在很多建材市场有成品的家具，可以根据业主家庭的尺寸进行定做；整体衣柜，现在很多装修公司联合厂家进行定制。

木工用生态板、指接板、木工板做的衣柜、鞋柜等木制品，这些木制品包括了板材费、人工费、五金辅料、油漆费用等，价格总价可能要比成品衣柜要高，并且木工的手艺差别很大。从环保性来说，虽然指接板是实木板但是后期要刷油漆，环保性很难说。板材的环保性主要看有害气体的检测结果，并不是说人造板材比实木板材环保性差。整体衣柜主要是在工厂生产加工、喷漆等，板材一般用的三聚氰胺板，大部分都是板式家具。价格根据品牌、板材、五金件不同价格有差别。板式家具都是工厂机器生产、有专业的安装工及售后工人，组装比较简单。

业主可以从以下几个方面来定夺是木工做家具还是买成品：

（1）环保性：定制衣柜的板材有细木工板、多层实木板、实木颗粒板，单看环保性来说，还是不错的。不过买回家的衣柜还是要多跑跑气味，这些家具都是从工厂直接运到家里，味道还是很大的。现在家具品牌鱼龙混杂，只能说买大品牌或者从可信赖朋友那里买。业主如果能碰到商场样品尽量买样品，可以砍价，并且不用很长时间跑味。

（2）价格。整体家具在很多建材市场或者家具市场都有，需要注意的是家具面积的算法。有的是投影式，这样单价比较高，有的是展开面积算法，单价虽然便宜但是总价高，并且又可能出现很多增项问题。木工做家具，价格比较高，现在木工人工费一天几百元。几件家具，用的油漆、五金件等用量少，购买时价格高，有些木工不会给你算料，怎么省事怎么来，往往最后材料浪费严重。成品家具相比木工做的家具来说，价格便宜，因为都是工厂生产机械化作业，不必再额外支出人工费用，遇到大的节庆日还能有折扣。

（3）样式问题。成品家具比较好，能形成统一风格，但是有些衣柜很难贴到墙面，总会有缝隙。整体衣柜没什么特别的样式，但是能够根据现场尺寸将衣柜做到顶面，花纹通常比较简单，大厂统一压制。木工做的家具样式比较难看，现在好的木工凤毛麟角，就算你找了好的木工，但是还有饰面的刷漆处理，即使木工的手艺好，但是油漆工刷漆不好，效果也就差了。

如果以后懒得打扫卫生就选定制衣柜，私人定制还是很贴心的，如果想家具风格统一就选成品衣柜。

5.1.3 木工施工顺序

1. 吊顶基层施工

（1）制作木龙骨吊顶时，木龙骨吊杆、木龙骨、造型板和木质饰面材料要进行防腐、防火及防蛀处理。见图 5-5、图 5-6。

图 5-5 木龙骨吊顶

图 5-6 木龙骨防火处理

（2）轻钢龙骨吊杆、龙骨、后置埋件等进行防腐或防锈处理。

（3）用自攻螺钉固定石膏板时，钉头应该点涂防锈漆。见图 5-7。

图 5-7 点涂防锈漆

2. 包门套、窗套

如果业主的门是木工现场制作的话，那么木工需要制作门套及窗套。见图 5-8、图 5-9。

3. 制作木作基层

什么是木作基层？墙体不够平整时，不能直接用木工板，需要用木龙骨先做找平处理，再安装木工板，这样能保证木工制品基层稳定牢固。

（1）木制柜体。制作木制柜体需要先设计衣柜图，需要注意衣柜的造型，如果衣柜

图 5-8　门套

图 5-9　窗套

有弧形或者圆形造型，木工的手艺达不到，除此之外，还要注意收边处理及板材的环保性。见图 5-10。

图 5-10　杉木板衣柜体

（2）木窗台基层。在制作窗台板之前，需要制作木窗台板基层，需要注意保证面的水平、垂直。见图 5-11。

图 5-11　窗台基层

（3）制作门窗基层。当门洞尺寸与门不符或出现门套强度不够情况，需要制作门套基层，门套基层的尺寸必须与门及门套尺寸相搭配，做到横平竖直。

4. 涂刷底漆

在木质基层板上涂刷底漆主要是为了减少面漆的用量，木器漆分很多种，不同种类的漆不可混用，选择环保性漆能够减少甲醛，减轻污染危害。

5.1.4 如何验收木工作业?

（1）是否符合设计要求。木工施工前需要设计好图纸，验收时先看是否按照图纸制作，再看选用的材料符合图纸材料要求，最后看是否偷工减料。

（2）缝隙尺寸。验收时看木封口线、腰线、角线饰面板碰口缝隙不超过 0.2mm，线与线夹口角缝不超过 0.3mm，饰面板间碰口不超过 0.2mm。

（3）结构和造型。完成后的木制品应是横平竖直；造型弧度是否顺畅、圆滑，多个同样的木制品造型保持一致，木制品表面平整、没有起鼓等问题。见图 5-12、图 5-13。

图 5-12　隔板横平竖直

图 5-13　造型弧度圆滑

（4）看柜门能否正常关上。验收柜体时，要看柜门能否正常关上，柜门上、下门缝隙宽度一致，一般 5mm 为宜柜门开启时，没有其他响声。见图 5-14、图 5-15。

图 5-14　检查柜门启闭

图 5-15　柜门缝隙宽度上下一致

（5）看转角和拼花。木工正常的转角都是 90°，木质拼花，相互之间没有缝隙或者间距一致。见图 5-16、图 5-17。

图 5-16　转角 90° 检查

图 5-17　木质拼花地板

（6）吊顶平整无变形。装饰装修铝扣板、PVC 扣板的吊顶是否平整、没有变形问题。

（7）柜门把手正确。装修后柜门把手、锁具安装位置是否正确，开启正常。

5.2　如何挑选复合木地板

5.2.1　如何挑选复合木地板

现在很多家庭都采用复合木地板，最大优点就是耐磨，在挑选木地板时要注意以下几点：

（1）看。主要观察复合木地板的表面是否均匀，花纹是否匀称，木地板的接口是否有破损，是否有详细的中英文说明；是否具备专业机构核发的检测报告。见图 5-18、图 5-19。

图 5-18　复合木地板的表面

图 5-19　木地板的接口

（2）摸。用手仔细摸木地板的表面，是否有凹凸不平的感觉（手抓纹地板除外）。

（3）闻。是否能闻到刺鼻性气味。

（4）试。可以用 108 号砂纸用力来回打磨地板 10 ~ 20 次，是否花纹有损坏，如有损坏，说明是无耐磨层地板；打磨 20 ~ 40 次，花纹出现明显破损，属于低劣耐磨层地板。

5.2.2 复合木地板颜色搭配有妙招

（1）光线比较好的房间建议选择木地板颜色偏重的花色，如橡木、柚木等。见图 5-20、图 5-21。

图 5-20　橡木地板

图 5-21　柚木地板

（2）按照风格选地板。欧式风格的装修比较大气，选择花纹较大，最好是单拼或者双拼（一块地板上有一个大花），中式风格选择三拼花，层次感较好，显得房间空间大。见图 5-22、图 5-23。

图 5-22　单拼花木地板

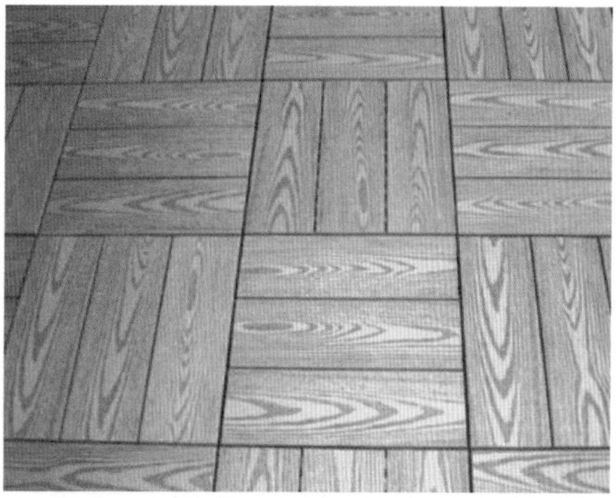

图 5-23　三拼花木地板

（3）按照空间大小选地板。房间的空间大小与地板的颜色选择有很大的关系，房间空间大或采光好用深色地板较好，这样房间显得紧凑，面积小的空间，用浅色地板好，会显得房间明显很多。

（4）根据家具颜色。家具颜色深可以搭配中间色复合地板；家具颜色浅可以选择偏暖色系地板，如家里有老人孩子，可选择一些柔和色调搭配，不影响视力。

5.2.3 复合木地板是不是价格越高越好?

业主在选择木地板时要根据木地板的使用环境进行选择，合适的才是最好的，而不是越贵越好。例如商业空间的地板，人流量大，地板的选择要选择耐磨性高的产品，地板的耐磨性高，意味着耐磨层厚，花色清晰度会稍差。当然，也不能图便宜选择劣质地板，劣质地板的环保性差，强化木地板的基层是将粉碎的木头用胶水辗压而成，基材的品质不高，如果在生产基材时使用不合格的胶水，甲醛超标。

“三分质量、七分安装”这是地板行业的常用的说法，从安装水平来看，标准施工和非标准施工差别很大，正规企业有严谨的施工规范，例如，踢脚板与地板的接缝处理、地板之间的接缝处理等。业主需要注意的是如果售价在 70 ~ 80 元以下的地板，需要特别注意，不要贪图便宜，如果低于地板正常生产工艺的成本价，产品质量很难保证。

5.2.4 复合木地板常用材料

复合木地板常用材料　　表 5-2

名称	介绍	图例
实木复合木地板	实木复合地板由平衡层、基材层、装饰层、耐磨层组成。由于复合地板的基材采用了多层单板复合而成，木材纤维纵横交错成网状叠压组合，使木材的各种内应力在层板之间相互适应，确保了木地板的平整性和稳定性	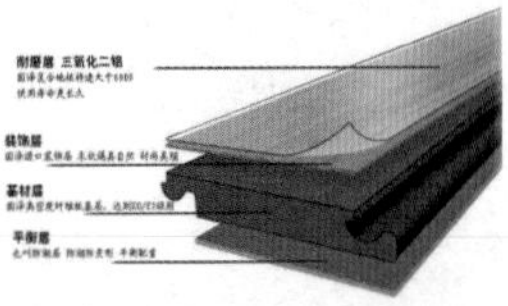
成品砂浆	成品砂浆按材料分类属于混合砂浆，成品砂浆有很多种，比如：粘结砂浆、抹面砂浆、无机保温砂浆等，比例都是严格按要求配比的	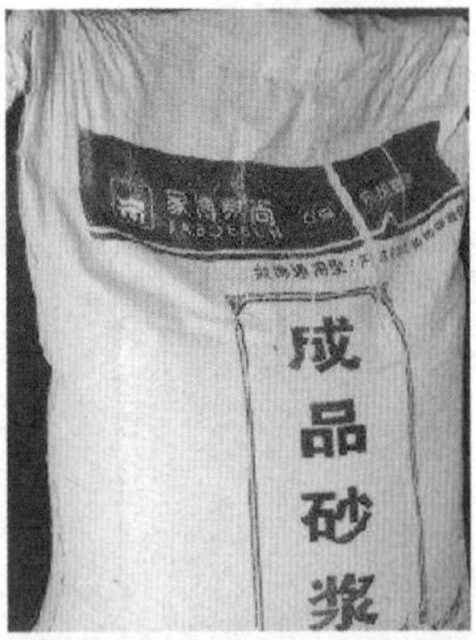
塑料薄膜地垫	塑料膜地垫是由一层塑料薄膜和聚乙烯发泡粘接制作而成，地垫紧贴地面铺设，起着隔潮、防潮，保护地板、增加弹性的作用，且具有抗碱、防酸的性能。它的优点是价格便宜，但没有阻碍热量传导、产生有害气体之类的问题。另外，这种材料也很不容易老化	

5.3 复合木地板施工要点及验收

5.3.1 工艺流程

基层检查→铺设地垫→预排试铺→铺装顺序→拼接操作→安装踢脚线→分项验收。

5.3.2 施工工艺

1. 基层检查

（1）检查地面含水率

用含水率测试仪（图 5-24）测量地面含水率，普通地面的要求标准 <20%，如果地面含水率过高，地板就会吸水膨胀，容易造成地板起拱、起鼓、有响声等问题。

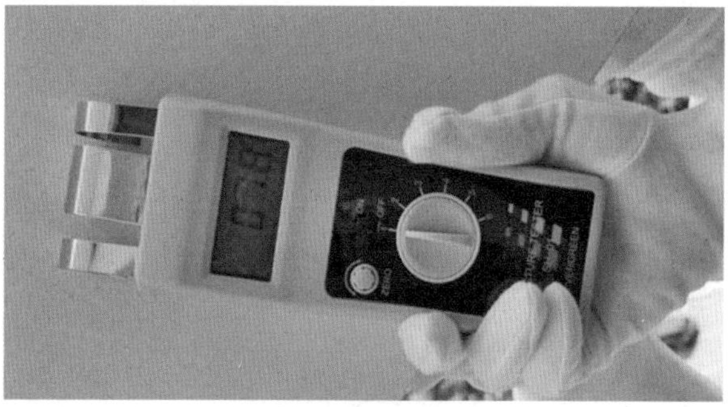

图 5-24　含水率检测仪器

（2）检查地面平整度

地面平整度应满足地板铺设要求，用 2m 靠尺检测地面平整度，靠尺与地面的最大弦高应≤ 5mm。基层表面必须平整干燥，无裂缝、清洁干净。若地面不平整，则需用铲刀凿平、情况严重的要重新找平或做自流平处理。地面平整度不达标就进行铺装的话，会造成地板崩边、起翘、起拱、出现响声等问题。见图 5-25。

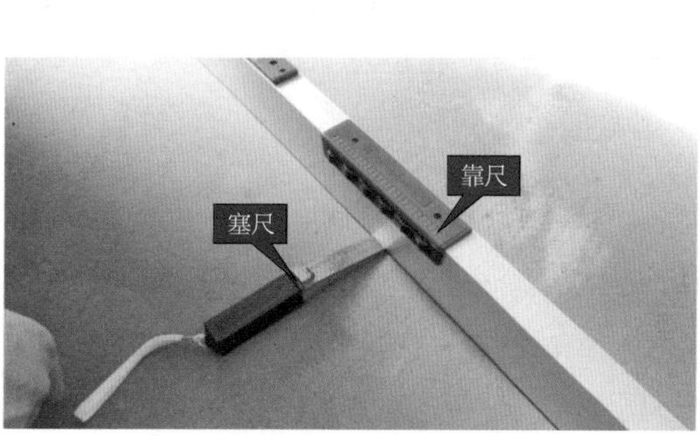

图 5-25　地面平整度检查

2. 铺设地垫

铺地板时要注意地垫不能重叠，铺时按房间长度净尺寸加长 120mm 以上裁切，接缝处用 60mm 宽的自粘型胶带密封，四周各边上引 30 ~ 50mm，且不能超过踢脚线。如果地垫比较厚，地垫重叠处偏高，也会导致地板起拱。见图 5-26。

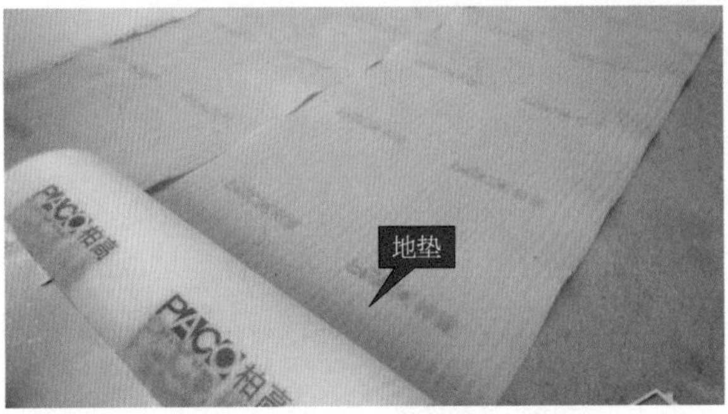

图 5-26　铺设地垫

3. 预排试铺

在正式铺装前先进行地板的预排试铺，预先试铺的注意事项包括铺装方向、铺装方式和色彩的挑选。第一行的木块板的锯切，要根据现场实际留下的尺寸，考虑榫槽和离墙 1.5cm 两个因素，确定锯切尺寸。铺装方向一般为顺光铺设，即顺着光线，面对光线入口铺贴，对着窗台的方向。见图 5-27。

图 5-27　试铺

4. 铺装顺序

常见的铺装方式是悬浮铺设法。

（1）从房间的左侧开始安装第一排地板，将有槽口的一边向墙壁，用垫块，预留 8 ~ 12mm 的伸缩缝隙。用羊角锤和小木块沿着地板边缘敲打，使地板拼接紧密。

（2）测量出第一排尾端所需地板长度，预留 8 ~ 12mm 的伸缩缝，锯掉多余部分。

（3）将锯下的不小于 300mm 长度的地板作为第二排地板的排头，相邻的两排地板短接缝之间不小于 300mm。

（4）铺装地板的走向通常与房间行走方向一致，如果敲打后地板仍出现翘起，可在地板表面靠近边缘处敲打。

（5）每排最后一片及房间最后一排地板须使用回力钩撬紧。见图 5-28。

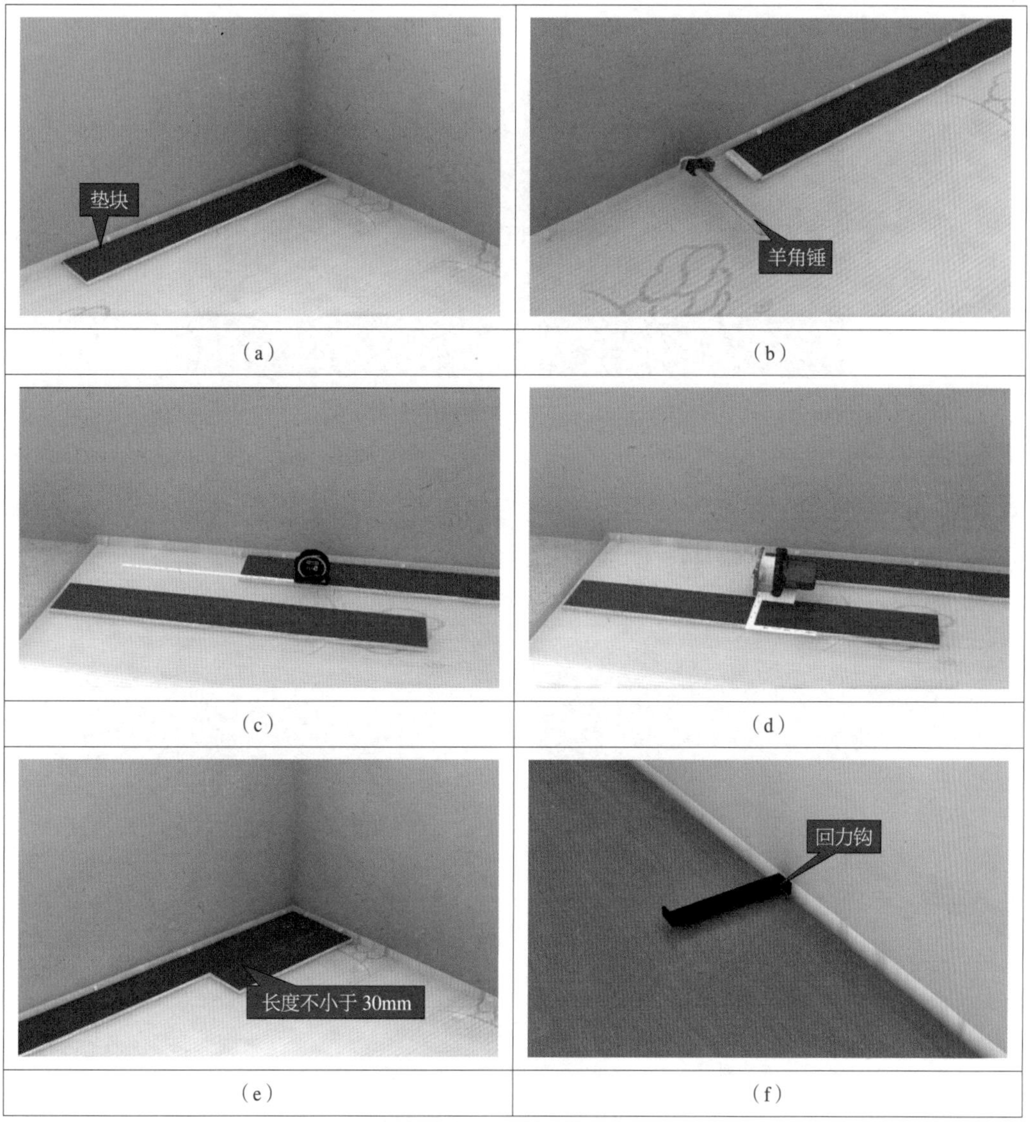

图 5-28　地板铺装顺序

（a）预留伸缩缝隙；（b）用羊角锤敲打地板边缘；（c）量出所需地板长度；（d）将锯下的不小于 300mm 长度的地板作为第二排地板的排头；（e）相邻的两排地板短接缝之间不小于 300mm；（f）用回力钩沿着地板边缘敲打，使地板拼接紧密

5. 拼接操作

铺装地板的走向通常与房间行走方向相一致，自左向右或自右向左逐排依次铺装凹槽向墙，地板与墙之间放入木楔，预留 8 ~ 10mm 伸缩缝。首先取一块地板，与地面保

机具介绍 - 回力钩

回力钩呈“Z”字形，用来将靠墙部位相邻两块木地板拼接紧密。

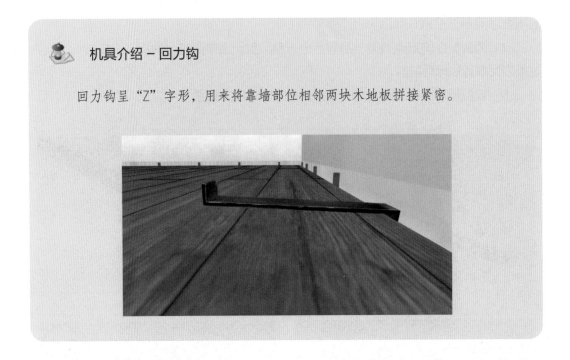

持 30° ~ 45° 的角度，将榫舌贴近上一块地板的榫槽；待地板贴紧后轻轻放下，用羊角锤和小木块沿着地板边缘敲打，使地板拼接紧密。见图 5-29。

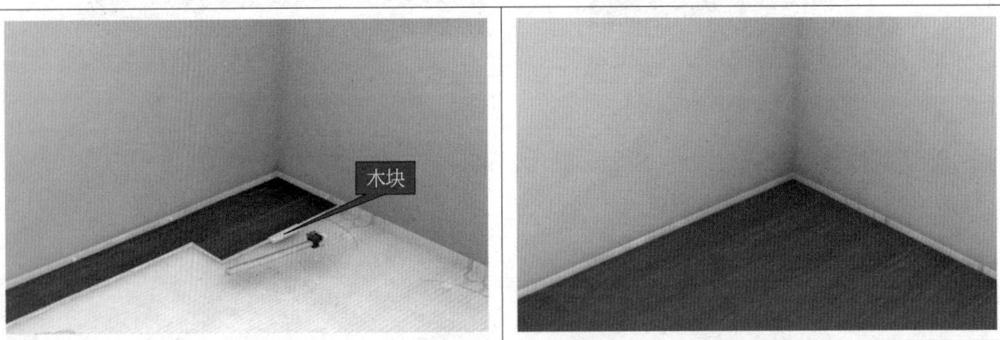

（a）　（b）

图 5-29　地板铺装顺序

（a）用羊角锤和小木块沿着地板边缘敲打，使地板拼接紧密；（b）铺装完成；

6. 安装塑料踢脚线

（1）先装阴、阳角处的踢脚板配件，拉线，尺量控制出墙厚度，并使踢脚板对准已弹好的上口水平线。

（2）安装沿墙长条踢脚板，将组合好的底扣钉在墙上，每隔 40cm 左右钉一个底扣。如单根踢脚线长度不够，可用平接头连接，使其接缝严密、平整，无错位。见图 5-30。

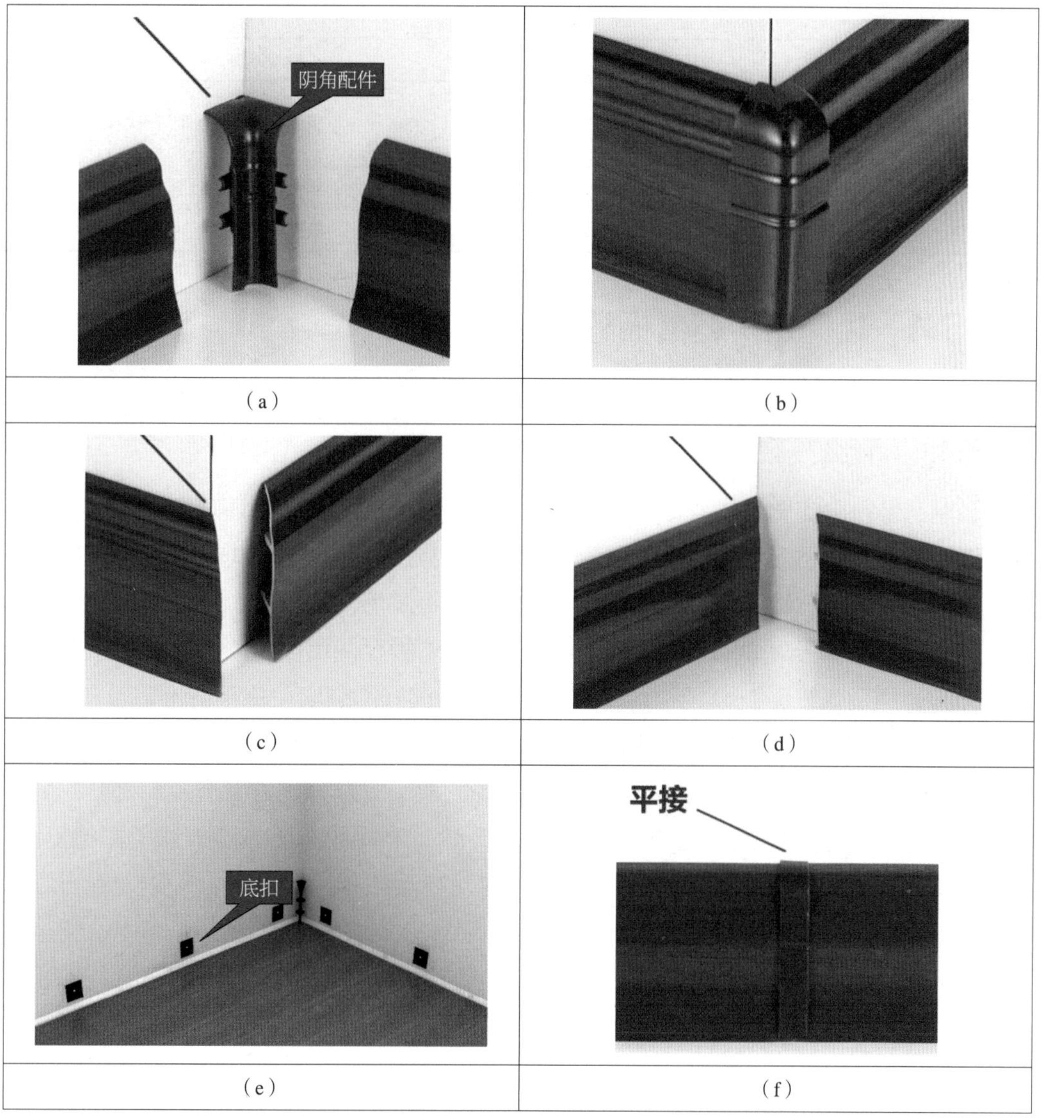

图 5-30　安装塑料踢脚板

（a）安装阴、阳角处的踢脚板配件；（b）拐角处阴阳直角直接扣在踢脚线上；（c）左侧踢脚板切割 45°；（d）右侧踢脚板切割 45°；（e）把底扣钉在墙上；（f）平接头连接

5.3.3　教你如何验收

复合地板面层的质量标准和检验内容包括板面缝隙宽度、表面平整度、踢脚线上口平整度、板面拼缝平直、相邻板面高差、踢脚板与面层的接缝等内容。见表 5-3。

允许偏差及检验方法　　　　表 5-3

项次	项目	允许偏差（mm）	检验方法
1	板面缝隙宽度	0.5	用钢尺检查
2	表面平整度	2.0	靠尺及楔形塞尺检查

续表

项次	项目	允许偏差（mm）	检验方法
3	踢脚线上口平整	3.0	拉5m线，不足5m者拉通线和尺量检查
4	板面拼缝平直	3.0	
5	相邻板面高差	0.5	用钢尺和楔形塞尺检查
6	踢脚线与面层的接缝	1.0	楔形塞尺检查

5.4 轻钢龙骨石膏板隔墙施工工艺

5.4.1 什么是轻钢龙骨石膏板隔墙

轻钢龙骨是以优质的热镀锌板为原料，经冷弯工艺轧制而成的建筑用金属骨架。用以纸面石膏板等轻质板材做饰面的非承重墙，按照构造可以分为单排龙骨单层石膏板隔墙、单排龙骨双层石膏板隔墙和双排龙骨双层石膏板隔墙。

轻钢龙骨石膏板隔墙的优点：①重量轻、强度能满足使用要求。石膏板的厚度一般为9.5mm，用两张纸面石膏板中间夹轻钢龙骨就是很好的隔墙，每平方米重量在23kg，仅为普通砖的1/10左右；②干作业，施工速度快，按需组合，灵活划分空间，同时易拆除，有效节约人工；③装饰效果好。石膏板隔墙的面层可兼容多种面层装饰材料，满足绝大部分建筑物功用要求；④经济合理。与普通砖混类的隔墙，减少墙面走线的剔槽工作，在壁纸裱糊时减少了石膏、腻子粉刷作业，缩短了工期，节约了材料。轻钢龙骨石膏板隔墙适用于家庭装修、办公室、商场等场所。

家庭装修中，重新规划房间布局时需要隔墙，隔墙一般采用轻钢龙骨石膏板，因为此种隔墙重量轻、强度较高、耐火性好、安装简易，具有工期短、施工简单、不易变形的特点。见图5-31。

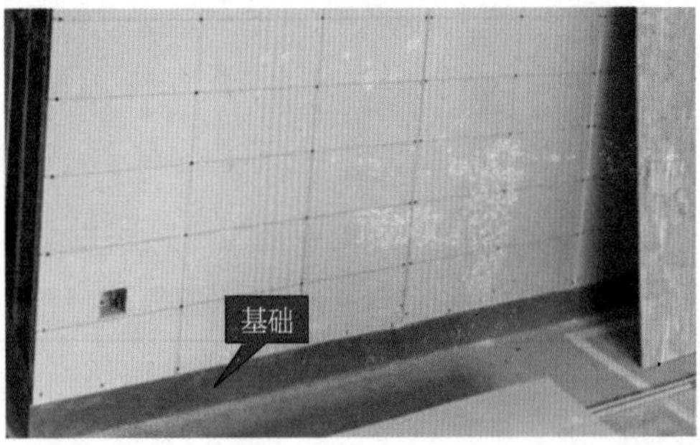

隔墙采用地枕带作为基础，石膏板不直接接触地面，有效防止受潮，更具有稳固性。

隔墙内加入玻璃纤维棉，起到隔音效果，让卧室更加安静，还具有防火、保温作用。

图5-31 轻钢龙骨石膏板隔墙

5.4.2 隔墙材料

轻钢龙骨石膏板隔墙的材料主要有U形轻钢龙骨、C形轻钢龙骨、纸面石膏板、填充材料、轻钢龙骨配件等。见表5-4。

轻钢龙骨石膏板隔墙材料　　表5-4

名称	用途	形式
轻钢龙骨	按截面分为C形和U形两种；按规格尺寸分为Q50、Q75、Q100、Q150。规格尺寸要与设计构造相符合：Q50系列用于层高3.5 m以下的隔墙；Q75系列用于层高3.5～6.0 m的隔墙；Q100系列可用于层高5.0～8.0 m的隔墙	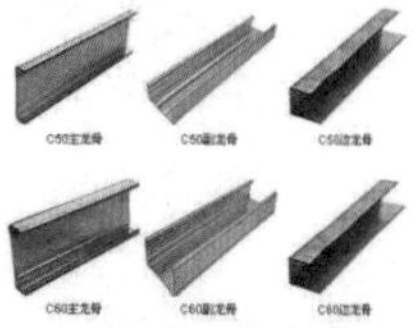
轻钢龙骨配件	支撑卡、卡托、角托、连接件、固定件	
石膏板	隔墙石膏板种类多样，施工时按照深化设计要求选用。宽度：1200mm、900mm；厚度：9.5mm、12mm、15mm、18mm、25mm，常用的为12mm。石膏板表面应平整、洁净，有相关证书及检测报告	
填充材料	为满足保温隔声需要，隔墙内可填充玻璃丝绵	
紧固材料	自攻螺钉。12mm厚石膏板用25mm长螺丝，两层12mm厚石膏板用35mm长螺丝	
嵌缝材料	嵌缝腻子、嵌缝带	

5.4.2 施工工艺

弹线→安装沿顶、沿地龙骨及边龙骨→安装竖向龙骨→安装门洞口框龙骨→安装预埋管线→安装一侧石膏板→填充玻璃丝棉→隐蔽工程验收→安装另一侧石膏板→分项工程验收。

5.4.3 施工要点

1. 弹线

在地面、房顶上弹出隔墙位置线以及门窗洞口边框线。弹线应清楚，位置准确。按设计要求,结合石膏板的长、宽分档,以确定竖向龙骨;横撑及附加龙骨的位置。见图5-32。

用墨斗，弹顶面龙骨的位置线	用墨斗，弹墙面龙骨的位置线

图 5-32 放线

2. 安装沿顶、沿地龙骨及沿墙龙骨

按弹好的隔墙位置线,冲击钻打孔。用金属膨胀螺栓将U形龙骨安装在顶、墙及地面。螺栓固定点间距一般控制在400mm，龙骨端头的螺钉距墙体为50mm。见图5-33。

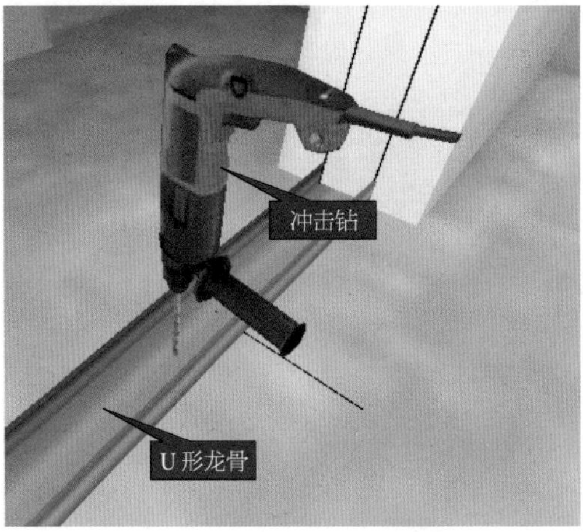

图 5-33 安装沿地龙骨

3. 安装竖向龙骨

（1）竖向龙骨常采用C形龙骨根据天地龙骨的间距裁切，并且沿顶、沿地龙骨腹板净间距小于5mm下料，竖龙骨的上下两端插入沿顶、沿地龙骨之间。

（2）竖龙骨间距按照石膏板宽确定，常用石膏板宽为900mm、1200mm，龙骨间距

450mm、600mm。

（3）将通贯龙骨放入每根竖向龙骨的冲孔内，用支撑卡固定。

图5-34 安装支撑卡

注：将支撑卡放置在贯通龙骨与竖龙骨连接处，用连接固定贯通龙骨与竖向龙骨。

4. 安装预埋管线

安装电气管线时为便于施工、防火要求应进行穿管，施工时，不得破坏竖向龙骨，线盒的固定需增加附加龙骨，且附加龙骨应牢固。见图5-35。

图5-35 隔墙穿管走线

5. 安装一侧石膏板

（1）在石膏板上画出横竖龙骨位置线，（便于自攻螺钉固定在板后的龙骨上）安装石膏板时应竖向排列，相邻竖向石膏板错缝排列，隔墙两面的石膏板横向接缝应错开，墙两面的接缝不能落在同一龙骨上。

（2）自攻钉与石膏板的板边固定距离，包封边 10 ~ 15mm，切割边 15 ~ 20mm。自攻钉钉距板边 150 ~ 170mm，板中 200 ~ 250mm，螺钉与板面垂直。螺钉头宜拧入石膏板面约 0.5mm，但不得破坏石膏板纸面。

（3）石膏板固定采用 25mm 的螺丝钉，固定前需根据固定位置在石膏板面弹出位置线。

（4）螺丝钉固定完毕后，螺丝钉帽处需要点防锈漆，防锈漆点不宜过大，一般覆盖住钉帽即可。见图 5-36。

（a）　　（b）

图 5-36　石膏板安装

（a）石膏板板边固定在龙骨上；（b）螺钉帽部位点涂防锈漆

6. 填充玻璃丝棉

璃丝棉选用 50mm 厚，单面贴锡箔纸，玻璃丝棉在竖龙骨之间安装时应垂直，并确保接缝处填充的玻璃丝棉与轻钢龙骨之间严密。

图 5-37　填充玻璃棉

注：为满足保温要求，填充岩石保温材料，填充材料应铺满铺平。

7. 隐蔽验收

轻钢龙骨安装、一侧石膏板安装完毕、玻璃丝棉及锡箔纸安装完毕、水电管线施工完毕并水路打压完毕，后进行隐蔽工程的验收。见图 5-38。

图 5-38　隐蔽工程的验收

8. 安装另一侧石膏板

安装另一侧面板，安装方法同第一侧石膏板相同，但接缝应与第一侧面板缝错开。

5.4.4　教你如何验收

轻钢龙骨石膏板隔墙的验收项目主要包括立面的垂直度、表面的平整度、阴阳角方正、接缝高低差等项目。见表 5-5。

允许偏差及检验方法　　表 5-5

项目	允许偏差（mm）	检验方法
立面垂直度	3	用 2m 垂直检测尺检查
表面平整度	3	用 2m 靠尺和塞尺检查
阴阳角方正	3	用方尺检查
接缝高低差	1	用钢直尺和塞尺检查

5.5　软包工程施工与验收

5.5.1　软包小百科

软包是一种墙面的柔性材料加以皮革装饰墙面方法。使用的材料质地柔软，能够柔化整体空间氛围，软包面层质地柔软、色彩多样，能够美化室内空间，软包饰面立体感效果能提升装饰档次，软包除了美化空间外还具有吸声、隔声、防潮、防污等功能，广泛应用在家装室内、酒店、娱乐场所等。见图 5-39。

（a）　　（b）

图 5-39　墙面软包装饰

（a）酒店软包；（b）软包背景墙

5.5.2　软包的种类及应用?

软包可以分为方形软包、菱形软包、异形软包、壁画软包等。见图 5-40。

方形软包，设计简洁大方，容易施工及与其他软装搭配。

菱形软包，线条简洁流畅，容易施工，比较容易清理。

异形软包，工艺技术要求高，造价较高。

壁画软包，根据喜好选择图案，装饰效果好。

图 5-40　软包种类

家庭装修时，软、硬包主要应用在床头背景墙、电视背景墙，可以很好地点缀室内空间，起到画龙点睛的作用。

床头背景墙，菱形拼块，时尚、温馨。

电视背景墙，方块拼块，美观大气。

图 5-41　背景墙

5.5.3　如何选择软包

软包主要由底板、填充物、面料、装饰件等组成，在选购软包材料时，需要注意以下几个方面：

（1）软包材料的耐脏性。软包不容易清洗，尽量选择耐脏、防尘效果好的面料。

（2）根据室内装修风格选择软包。软包材料的选择，应根据风格进行选择，能够融入到室内整体的风格中，此外，还要根据软装进行选择，例如窗帘、沙发等颜色及款式进行配套。

图 5-42　卧室软包

（3）软包材料的选择。选择软包时应该考虑面料的颜色，不同的颜色影响带给人们不同的感受。卧室可以选择蓝色、青色、绿色等颜色，能够使人工作一天的紧张的情绪变得缓和松弛。

（4）软包图案的选择。选择软包面料可以有一定的花纹图案，较小空间可以选择小纹图案，能够丰富室内空间。

5.5.4 软包、硬包有什么区别

很多人在装修时，分不清软包与硬包，有的布艺软包也有软包与硬包的区别。

（1）软包：分为布艺软包和皮革软包。软包芯材用海绵填充，外面用布艺装饰或者用皮革装饰，布艺软包又可以分为软包和硬包，软包用海绵填充，外面用布艺包好，可有效减少碰撞伤害，特别是家有小孩。硬包，外面布艺污染后，可以拆下来清洗。

图 5-43 布艺软包

（2）硬包。硬包是指在基层木工板上做造型，木工板四周切割成 45° 斜边，用布艺或皮革装饰。

图 5-44 硬包

5.5.5 选择软包材料

结合软包工程构造，使用材料主要有木龙骨、胶合板、玻璃棉、人造革等。见表 5-6。

软包材料 表5-6

名称	介绍	形式
木骨架	木骨架一般采用（30 ~ 50）mm × 50mm 木龙骨，单向或双向布置	
胶合板	由木段旋切成单板用胶粘剂胶合而成的三层或多层的板状材料，规格是：1220 × 2440mm，而厚度规格则一般有：3、5、9、12、15、18mm 等	
软包芯材	经常采用轻质不燃多孔材料，如玻璃棉、超细玻璃棉、自熄型泡沫塑料、矿渣棉等	
面层材料	软包墙面的面层，必须采用阻燃型面料，如人造革或织物。但软包墙面的面层，必须用阻燃型	

5.5.6 施工流程

基层处理→龙骨及基层板施工→内衬及预制块施工→面层施工。

5.5.7 施工要点

1. 基层处理

在墙面上按照龙骨的设计位置进行弹线，间距控制在 400 ~ 600mm，在弹好线的位置处用电锤钻孔，将经过防腐防潮处理的木楔打入孔内。

2. 龙骨及基层板施工

（1）将木龙骨刷防腐涂料，用木螺钉将龙骨与预埋木楔钉接，木螺钉长度要大于龙骨高度 40mm。安装木龙骨的过程，随时用 2m 靠尺检查平整度，安装完成后的龙骨表面平整度在 2m 方位内误差小于 2mm。见图 5-45。

（2）木龙骨检查合格后铺钉基层板，基层板采用九厘板，用气钉枪从板中心向两边固定，相邻两块基层板接缝处应在木龙骨上，使其牢固、平整。见图 5-46。

图 5-45 木龙骨

图 5-46 基层板弹控制线

注：根据图纸设计的装饰分格、造型等尺寸，在安装好后的底板上进行吊直、套方、找规矩、弹线控制等工作。

3. 内衬及预制块施工

（1）制作衬板。衬板选用 5mm 厚胶合板，按照基层弹线分格尺寸下料，在衬板四周钉一圈木条，木条厚度根据内衬材料厚度决定，一般木条不小于 10mm × 10mm，倒角不小于 5mm × 5mm。木条要进行封油处理防止原木吐色污染面料。见图 5-47、图 5-48。

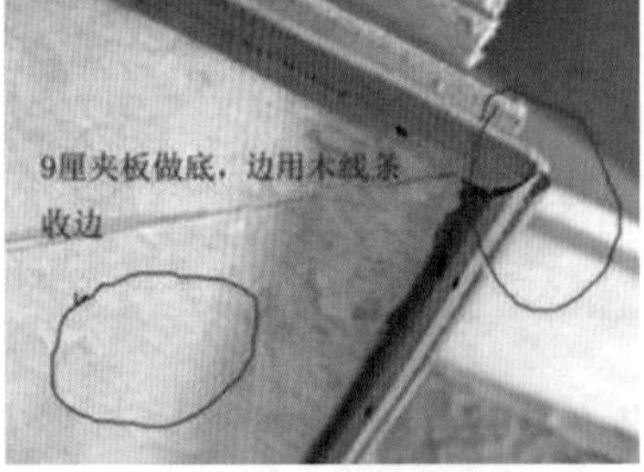

图 5-47 衬板木条收边

图 5-48 硬边拼缝衬板

（2）试拼。衬板制作完成后，应上墙进行试装，以确定尺寸是否正确、分缝是否通直、木条高度是否一致、平顺，取下在衬板背面编号，并标注安装方向。

4. 面层施工

（1）面层材料选取。织物、皮革花色、纹理、质地，确定好面料的经纬线水平或垂直，同一场所面料相同、纹理方向一致。

（2）预制镶嵌衬板蒙面及安装。见图 5-49。

		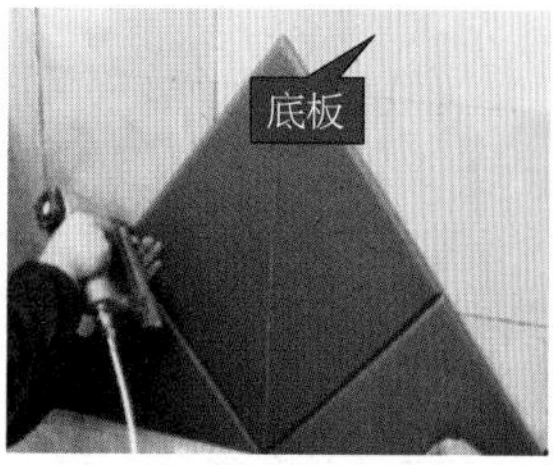
将裁剪好后的面料蒙到已粘好的内衬材料板上，用U形气钉、粘结剂从衬板反面钉固、粘结。	蒙好后的面料应绷紧、无褶皱。制作好预制衬板后，按衬板编号进行试安装。	经试安装确认无误后，在衬板背面刷胶，用气钉从布纹缝隙钉入，固定到墙面底板上。

图 5-49　面层施工

（3）修整。清理接缝等处面料纤维、调整缝隙不顺直处，安装镶边条，安装贴脸板，修补压条上的钉眼，油漆边条，清扫浮土，罩薄膜保护。见图 5-50。

图 5-50　罩薄膜保护

家装妙招－软包背景墙面清理方法

1. 除尘：采用吸尘器除尘，也可以用干净的毛巾擦拭，注意拍打除尘是不少人清理软包背景的方法，这样不仅不能除尘而且容易造成背景墙变形。

2. 去污：软包背景墙如果出现油污、茶渍等，用稀释的清洁剂在污染处刷洗，用干净的抹布擦去泡沫即可。

5.5.8 软包如何验收

无论是沙发背景墙还是床头背景墙，软包安装完成后，可以从软包的垂直度、边框宽度、高度，软包对角线长度、裁口、线条接缝高低差等几个方面进行验。见表5-7。

软包工程安装的允许偏差和检验方法　　表5-7

项次	项目	允许偏差（mm）	检验方法
1	垂直度	3	用1m垂直检测尺检查
2	边框宽度、高度	0～2	用钢尺检查
3	对角线长度差	1～3	用钢尺检查
4	裁口、线条接缝高低差	1	用钢直尺和塞尺检查

5.6 轻钢龙骨纸面石膏板吊顶施工工艺

5.6.1 你了解吊顶装修的种类吗

吊顶装修，就是用金属板、石膏板、吊灯等把顶部楼板遮掩起来，吊顶一般在客厅、卫生间、厨房、阳台及玄关等部位。吊顶装修的种类主要有局部吊顶（图5-51）、异性吊顶（图5-52）、藻井式吊顶（图5-53）、直接式吊顶（图5-54）四种。

局部吊顶，为了避免顶部水、暖、管道等，限于房间高度不够，不能采用全部吊顶的情形，采用局部吊顶。

图5-51　局部吊顶

云形、波浪形或不规则的弧线，不超过整体吊顶面积的三分之一，用平板吊顶形式，把顶部的管线遮挡在吊顶内，顶部嵌入筒灯、日光灯等，让装修后的顶面形成层感且不会产生压抑感。

图5-52　异形吊顶

藻井式吊顶，在房间四周进行局部吊顶，可设计成一层或两层，适用面积较大房间，能增加空间高度及改变室内灯光照明效果。

图 5-53　藻井式吊顶

直接式吊顶，顶面或顶墙交接处用石膏线做简洁的造型处理，配现代感的灯饰，给人一种轻松自然的风格，适用于较矮空间。

图 5-54　直接式吊顶

5.6.2　教你做好吊顶的流程

吊顶装饰装修是家庭装修中很重要的环节，吊顶装修的流程一定要设计好，否则可能造成返工问题，费时费力。吊顶装修的流程主要有：吊顶装修计划，根据业主需要到底做不做吊顶，前期要考虑好；吊顶选择什么种类、颜色及风格等；确定了装修风格，要确定好吊顶的材料，是选择木龙骨或者轻钢龙骨等，然后就是吊顶施工及验收。

吊顶装修计划：①不能盲目进行吊顶装修，很多业主以为吊顶后能提升家的档次，不顾及室内高度，层高在 2.8m 左右，可以在天棚处四周做简单的吊顶或最好采用石膏线装饰比较好，如果在层高较矮的情况下，大面积安装吊顶会造成压抑感。②确定吊顶的装修风格，吊顶的种类很多，前面已有讲述，吊顶的装修要根据室内整体的风格及预算确定吊顶的种类。见图 5-55、图 5-56。③注意吊顶与地面摆设相协调。藻井式吊顶，中间的区域已经框出来，天花的灯具位于吊顶的中心部位，地面家具的摆设要与其相呼应，如果灯具在沙发的上部就不好了。有了以上吊顶装修计划后，接下来

图 5-55　现代简约式吊顶

图 5-56　田园风格吊顶

就要和设计师沟通好，确定吊顶额种类、风格、色彩等，然后由设计师出图纸和报价。见图 5-57。

图 5-57　吊顶与家具位置

确定装修材料。吊顶的装修材料有很多种，目前市场上装修常采用木龙骨或者轻钢龙骨，木龙骨要做防火处理。客厅、卧室的吊顶一般采用木龙骨石膏板吊顶或轻钢龙骨石膏板吊顶、厨房、卫生间采用铝扣板吊顶（集成吊顶）、PVC 板吊顶等，不同的材料有不同的特点，价格也有较大的差别。龙骨是吊顶装修是关键的一部分，主要包括木龙骨与轻钢龙骨。见表 5-8。

龙骨材料　　表 5-8

龙骨材料	介绍	图片
木龙骨	用木龙骨做吊顶，截面要不小于 25mm × 35mm，室内装修常采用松木、杉木、白松等做成的轻质木料，不变形、含水率低、干缩小等特点	
轻钢龙骨	目前市场用的最多是轻钢龙骨，因为轻钢龙骨不易变形，强度高，防潮、防火性好，要注意轻钢龙骨的厚度，不能低于 0.6mm	

5.6.3 轻钢龙吊顶主要用哪些材料

建筑装饰材料 表 5-9

材料名称	性能	形式
吊杆	通丝镀锌吊杆：楼板用电锤打孔、将吊杆膨胀管套部位置入孔内拧紧	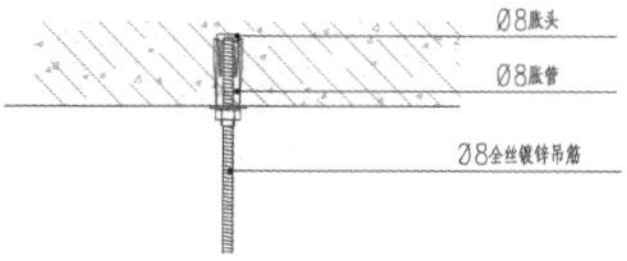
U 形龙骨	用做主龙骨，代号为 D，有 38、50、60 系列，适于不同的吊点距离。38、50 系列为不上人龙骨。38 系列：吊点间距为 900 ~ 1200mm；50 系列：适用不上人吊顶，吊点间距为 900 ~ 1200mm；60 系列为上人龙骨，吊点间距 1500mm	
C 形龙骨	C 形龙骨称为副龙骨，安装在 U 形龙骨下面	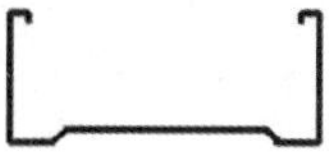
L 形龙骨	L 形龙骨为边龙骨，与墙固定，主要收边使用	
主龙骨连接件	相邻两根主龙骨延长时，采用主龙骨连接件	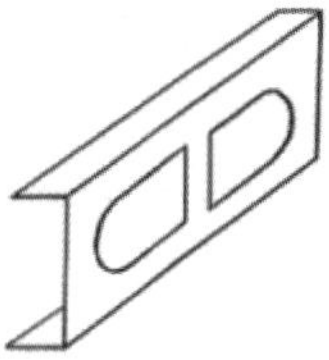
次龙骨连接件	放在相邻两根次龙骨部位，用铆钉固定	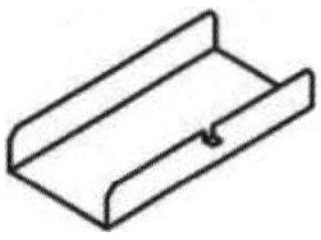
主次龙骨挂件	上半部分弯挂在主龙骨，下半部分钩挂 C 形龙骨	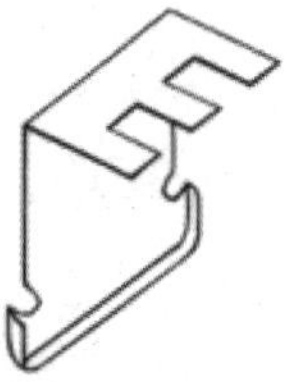
主龙骨吊件	连接吊杆和主龙骨	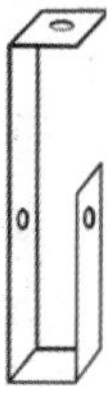
次龙骨支托	次龙骨支托	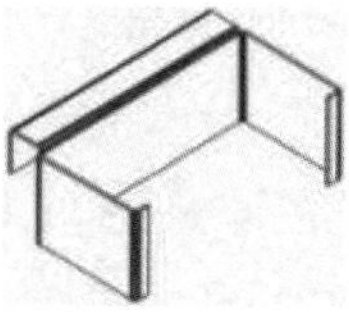

家装妙招－吊顶材料选购误区

1. 忽视环保性。在选购吊顶材料时，要注意材料的环保性，很多劣质的吊顶材料含有较多的有害物质。

2. 价格越贵越好。吊顶的材料不同，价格也不一样，虽然是同种吊顶材料，由于品牌不一样，价格也有差别，吊顶材料购买时不是越贵越好，在注重价格的同时要选择适合空间需求的材料，例如厨房，应该选择铝扣板集成吊顶，而不应该选择石膏板吊顶。

3. 板材越厚越好。选择吊顶材料时，盲目的认为吊顶材料越厚质量越好，吊顶材料厚度不代表质量，如果太厚也会影响吊顶的耐用度。

5.6.4 施工流程

弹线→安装吊杆→安装边龙骨→安装主龙骨→安装次龙骨→调平、调直→管线工程验收→安装纸面石膏板→工程验收。

5.6.5 施工要点

1. 弹线

（1）用激光旋转水平仪在房间的各个墙角上抄出水平点，弹水平线。从水准线量至吊顶设计高度加上 12mm，用粉线沿墙弹出水准线，即为吊顶次龙骨的下皮线。

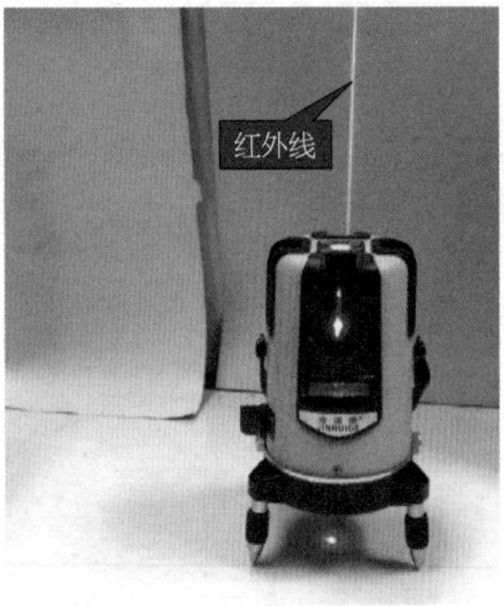

图 5-58 激光旋转水平仪

图 5-59 龙骨位置线

（2）在顶棚上按设计图纸弹出主龙骨及吊杆位置。主龙骨宜平行吊顶纵向布置，从中心向两边分，一般情况下吊杆间距为 800 ~ 1200mm。

图 5-60　弹出主龙骨及吊杆位置

2. 安装吊杆

用冲击钻在吊杆位置线处打孔，膨胀螺栓固定在顶板上，吊杆固定可调节吊挂件，吊杆无弯曲，距离墙边不得大于 300mm。见图 5-61。

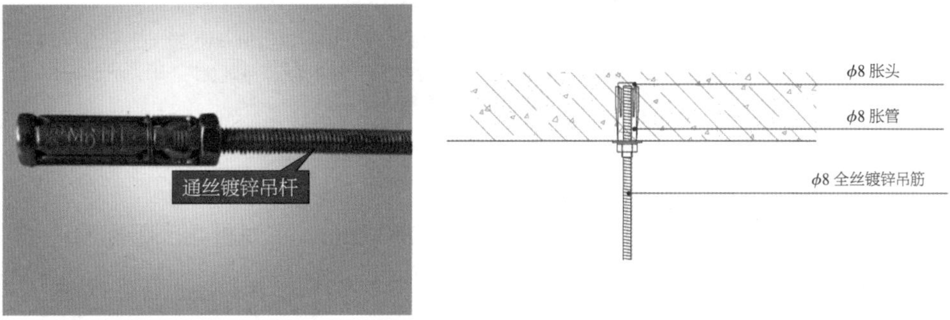

图 5-61　安装吊杆

注：置入通丝镀锌吊杆，拧紧螺母，并进行拉拔实验，确保吊筋的牢固性。注意吊杆端头螺纹长度不应小于 30mm，确保有较大的调节余量。

3. 安装边龙骨

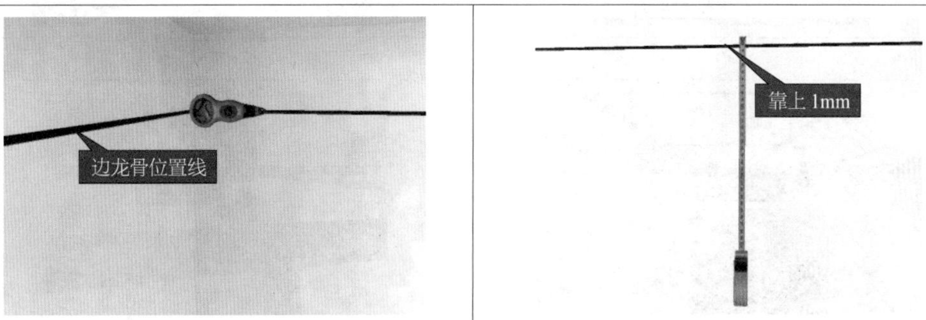

(a)　(b)

图 5-62　安装边龙骨（一）

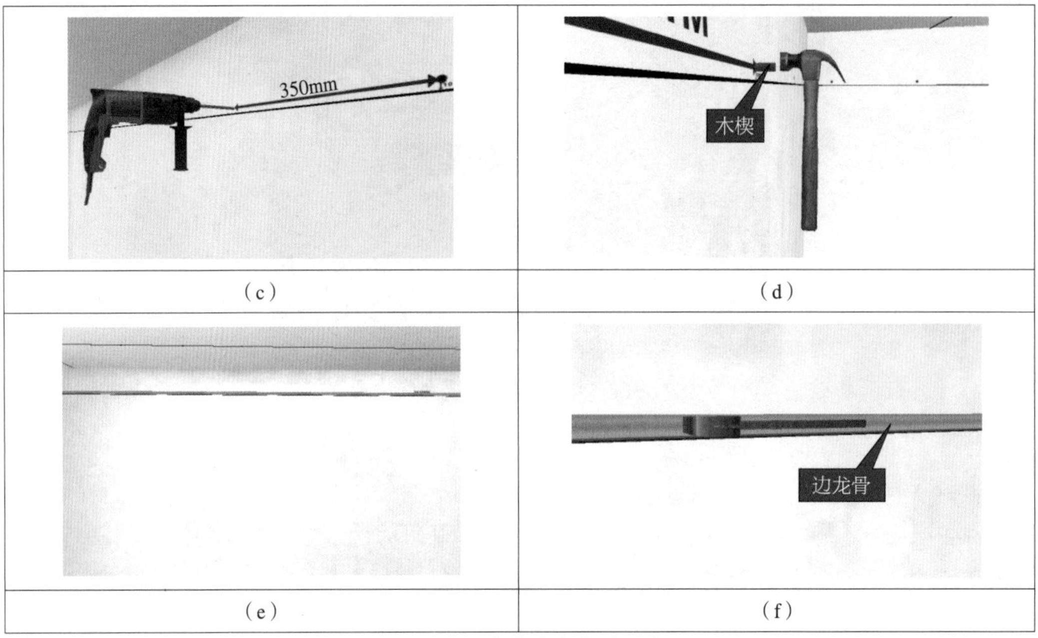

图 5-62 安装边龙骨（二）

（a）用墨斗在墙面上弹线；（b）边龙骨应固定在距边龙骨底线往上 10mm；（c）用电锤打孔，相邻两固定点的间距为 350mm；（d）用羊角锤，将木楔打入边龙骨固定点；（e）边龙骨可接长，直接端头对齐即可，固定点距离端头不得大于 50mm；（f）用自攻钉入将木楔与边龙骨钉固

4. 安装主龙骨

主龙骨吊挂在吊挂件上，龙骨间距为 800 ~ 1000mm，主龙骨端部距离吊杆长度不得大于 300mm。

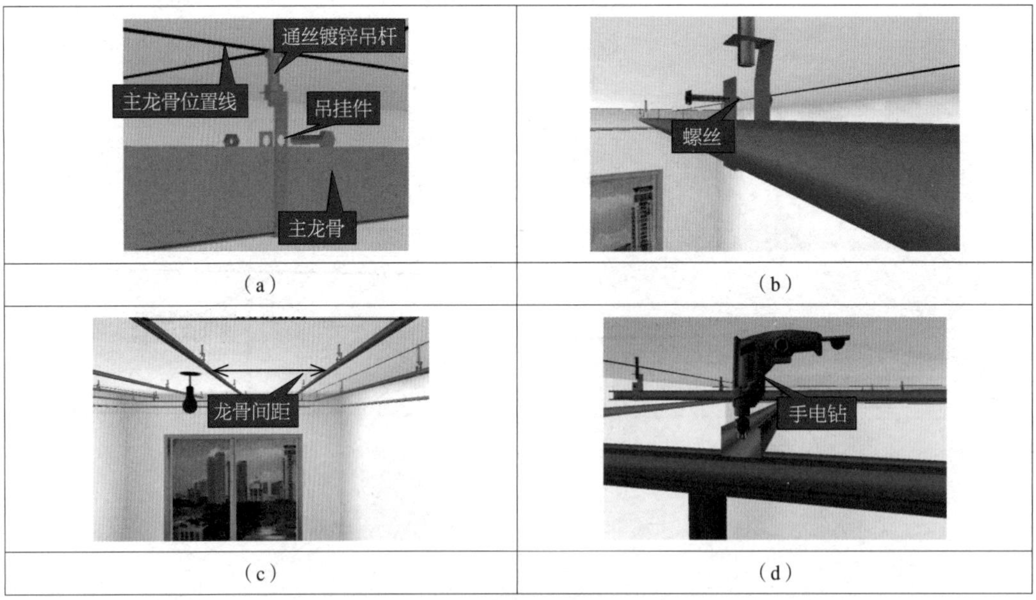

图 5-63 安装主龙骨（一）

（e）

图 5-63　安装主龙骨（二）

（a）将主龙骨固定在吊挂件上；（b）固定螺丝；（c）龙骨间距为 600 ~ 1000mm；（d）相邻的龙骨固定法：首先用手电钻打孔将上下龙骨钻孔；（e）相邻的龙骨固定法：钻孔处用铆钉枪固定

机具介绍 – 拉铆枪

由工人双手操作，先将铆钉枪拉开，再将铆钉塞入铆钉枪内，对准需铆固的部分（比如竖向轻钢龙骨与天地轻钢龙骨的连接部分），合起铆钉枪，即可达到铆固的效果。

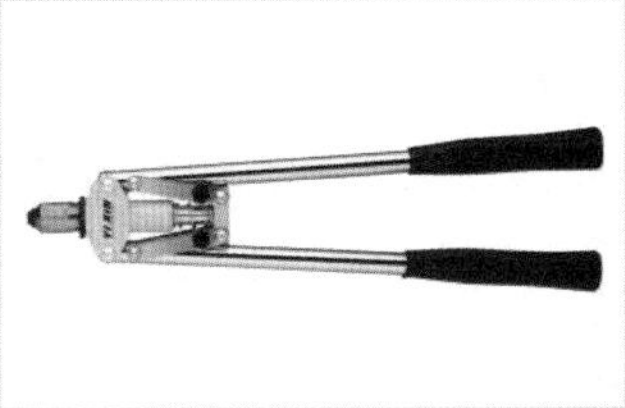

5. 安装次龙骨

下层龙骨即副龙骨，应紧贴主龙骨安装，主挂件把副龙骨固定在主龙骨上，副龙骨两端要深入沿边龙骨内部，龙骨端头距离边龙骨内壁 5mm。见图 5-64。

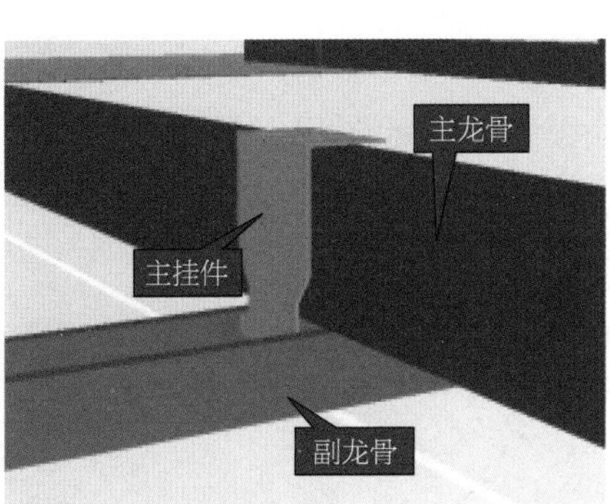

图 5-64　主挂件进行连接主、副龙骨

机具介绍－手电钻

手电钻（手枪钻）——用于金属材料、木材、塑料等钻孔的工具。当装有正反转开关和电子调速装置后，可用来作电螺丝批。有的型号配有充电电池，可在一定时间内，在无外接电源的情况下正常工作。

6. 安装纸面石膏板

（1）自攻螺钉与石膏板边距离 10 ~ 15mm。钉距：板边 150 ~ 170mm，板中 200 ~ 250mm。螺钉与板面垂直，螺钉头应略拧入石膏板面约 0.5mm，不得破坏石膏板纸面。见图 5-65、图 5-66。

图 5-65 自攻螺钉

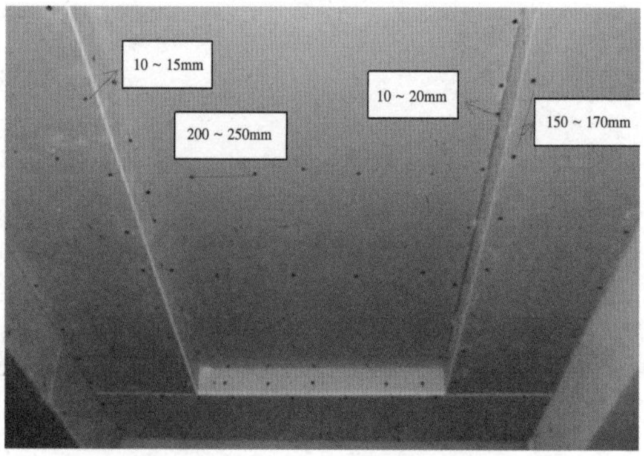

图 5-66 自攻螺钉钉距

（2）石膏板固定时应从板面的中间向四边进行固定，不得多点作业。

（3）自攻螺钉需要点防锈漆，防锈处理。见图 5-67。

图 5-67　钉帽防锈处理

5.6.6　教你如何验收

木工安装完成吊顶后，需要及时进行验收，吊顶的验收非常重要，避免后期出现吊顶掉落伤人的安全问题，验收包括隐蔽工程验收、饰面板验收。见表 5-10。

龙骨及饰面板验收　　表 5-10

项次	项类	项目	质量标准	检验方法
1	龙骨	吊顶标高、尺寸、起拱和造型	符合设计要求	尺量
2		饰面板与龙骨连接	牢固可靠，无松动变形	轻拉
3		龙骨间距	标准内	尺量检查
4		龙骨平直	≤ 2mm	尺量检查
5		起拱高度	根据面积而定	拉线检查
6		龙骨四周水平	≤ 2mm	尺量或水准仪检查
7	饰面板	表面平整度	≤ 3mm	用 2m 靠尺和塞尺检查
8		接缝直线度	≤ 3mm	拉 5m 线，不足 5m 拉通线
9		接缝高低差	≤ 1mm	用直尺或塞尺检查
10		顶棚四周水平度	≤ 5mm	在室内四角用尺量检查

第6章 墙面涂饰及裱糊施工

6.1 环保性高的墙面抹灰－粉刷石膏

6.1.1 为什么要粉刷石膏

粉刷石膏适用于加气混凝土砌块墙表面抹灰，在家庭装修中，适用于新砌、面层为涂料或壁纸装饰的砌块类隔墙表面抹灰，可代替水泥砂浆进行墙面找平的方法。加气混凝土砌块隔墙容易开裂，特别是水泥砂浆经常开裂、空鼓、硬化慢、装修时间长等缺点。在国外比较发达的国家，水泥砂浆作为墙面找平材料已经基本被淘汰，墙面粉刷石膏逐渐流行开来。见图 6-1、图 6-2。

图 6-1　加气混凝土砌块墙体

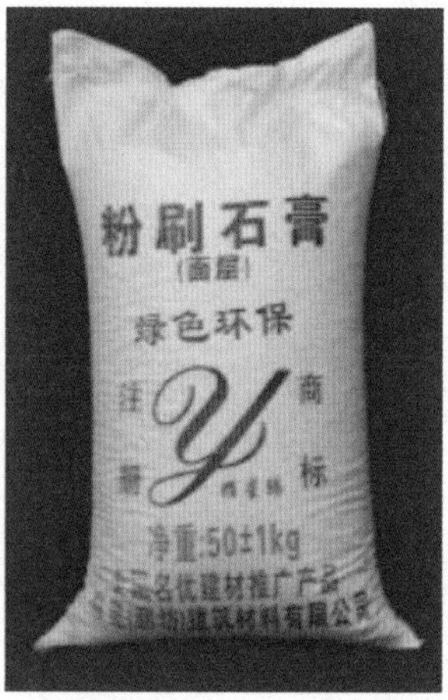

图 6-2　石膏（面层）

6.1.2 环保性高的墙面抹灰

石膏是一种绿色环保、节能、施工进度快的材料，现在广泛替代水泥砂浆抹灰，用在内墙及屋顶的抹灰。粉刷石膏具有质轻、高强、防火、不收缩、开裂、保温隔热、无毒无味、无放射性，从环保性角度来讲，对家有老人及小孩的健康有利；粉刷石膏成本低，在粉刷石膏施工中不用界面剂、108 胶等材料，抹灰厚度比较薄，在不同墙体上使用时原料成本能够降低 15%；粉刷石膏施工工艺简单、施工周期短、水泥固化速度快、劳动强度小、施工简便、操作速度快、作业效率高等。

石膏粉的主要成分是硫酸钙，不溶于水，化学性稳定，无毒无腐蚀性，对人体没有影响，的价格，一般石膏粉价格在 60 ~ 70 元 / 包，当然每个地区价格略有差别。

6.1.3 如何选用粉刷石膏

粉刷石膏是采用半水石膏或无水石膏，加入多种添加剂和填充料配制而成一种白色粉料，是一种新型装饰材料。粉刷石膏适用于混凝土墙面、顶棚、砖石砌体墙面、石膏板、加气混凝土砌块墙面等各类型基底的底层和面层抹灰。粉刷石膏分为底层粉刷石膏、面层粉刷石膏。底层粉刷石膏，用于基层底面的找平；面层粉刷石膏，用于粉刷石膏最外一层抹灰材料，具有较高的强度的特点。见图 6-3、图 6-4。

图 6-3　底层石膏

图 6-4　面层石膏

那如何选用粉刷石膏？主要注意以下几个方面：①粉刷石膏主要适用于建筑物内各种墙面和顶棚抹灰，不适用于卫生间、厨房等比较潮湿的场所；②抹灰厚度小于 3mm 时，可直接使用面层型粉刷石膏；厚度大于 3mm 时，可先用底层型粉刷石膏打底找平，再用面层型粉刷石膏罩面；③两种墙体材料的结合处，用玻纤网格布加强处理。见图 6-5。

图 6-5　玻纤网格布

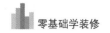

6.1.4 粉刷石膏脱落原因

粉刷石膏产生脱落的质量问题，主要有以下几个方面：

（1）空气潮湿。南方进入雨季后，空气长期潮湿，腻子成膜性能不好，会脱粉。

（2）搅拌不均匀。没有采用专业的搅拌设备，混合搅拌不均匀，引起腻子脱落。

（3）白水泥、灰钙粉等粘结剂掺有大量的双飞粉。大量使用不纯的无机粘结剂，会造成不防水且脱粉问题。

（4）温度过高，腻子的保水性不够，如果施工温度很高、窗口等高温通风，灰钙粉和水泥的初凝时间不够，失去大量的水分，又没有保养好，会严重脱粉。见图 6-6。

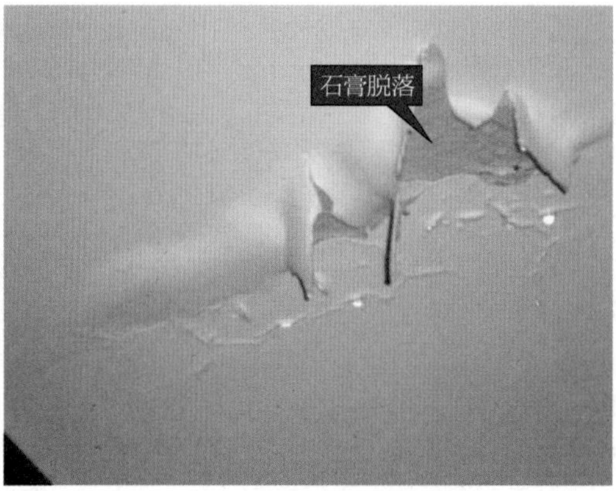

图 6-6 石膏粉脱落

6.1.5 施工材料准备

施工材料 表 6-1

名称	作用	图片
底层粉刷石膏	用于基底找平，基层上强度快，外表细腻光滑，不空鼓	
面层粉刷石膏	用于粉刷石膏或其他基底上的最外一层抹灰材料，以使表面平整光滑	
玻纤网格布	避免抹灰层整体表面开裂，增强水泥制品，防止开裂	

6.1.6　施工工艺流程

基层处理→弹线、做灰饼→制作石膏浆料→标筋→刮抹底层石膏→铺贴网格布→刮抹面层石膏→养护。

6.1.7　施工要点

1. 基层处理

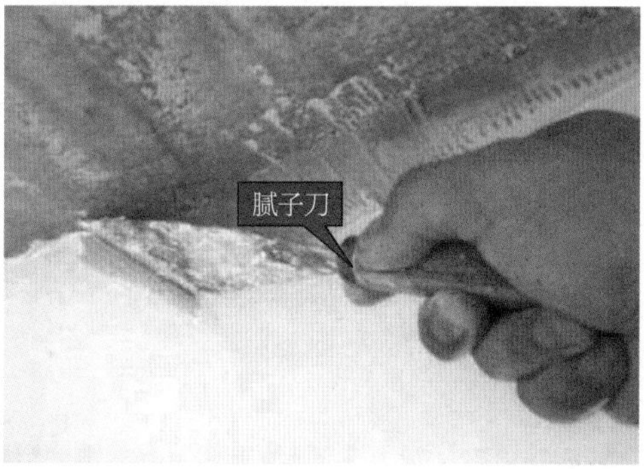

图 6-7　铲除原装饰层至原结构层

图 6-8　用笤帚清扫墙面的灰尘

2. 弹线、做灰饼

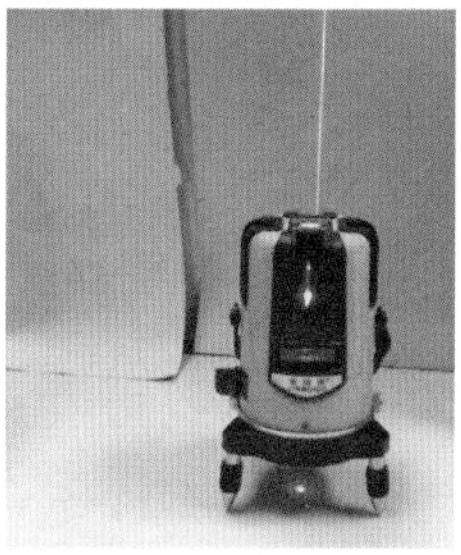	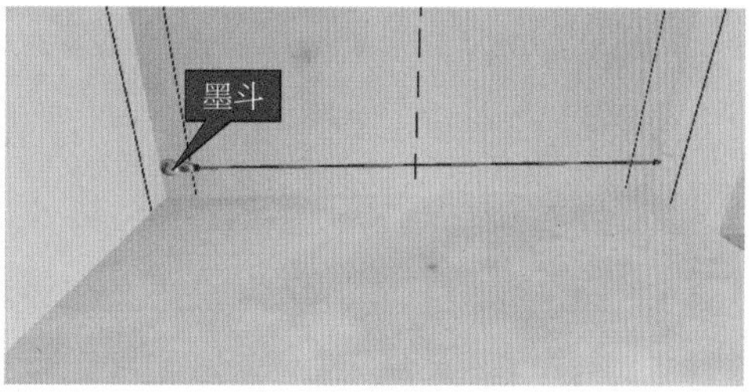
用水平仪在墙面上标示弹线的位置。	用墨斗根据水平仪标示在墙面上弹线。
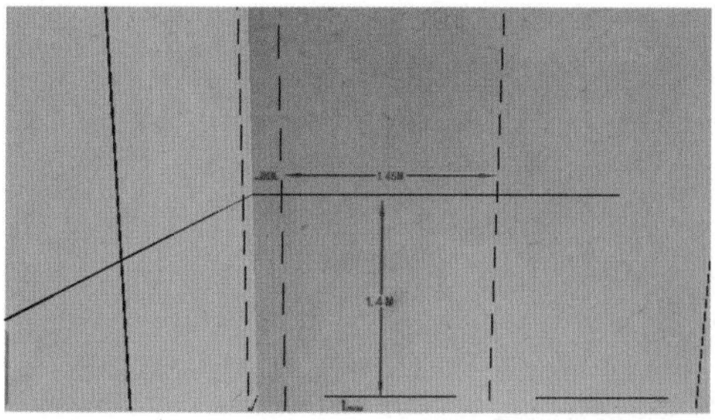	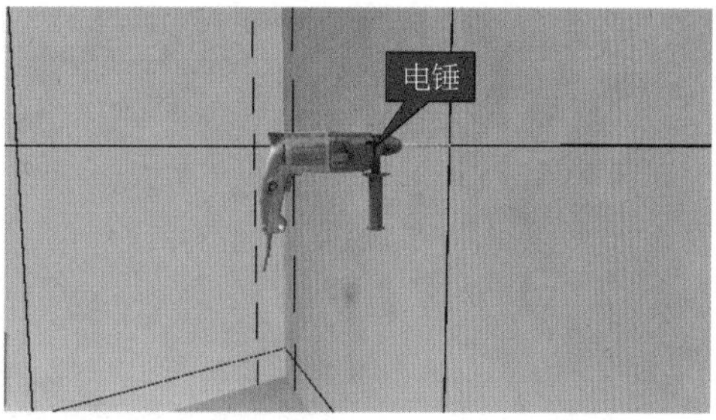
水平线距离顶面、墙面各为20cm，中间墙面的间距小于2m。	用电锤在墨线交点处打孔。

图 6-9　弹线、做灰饼（一）

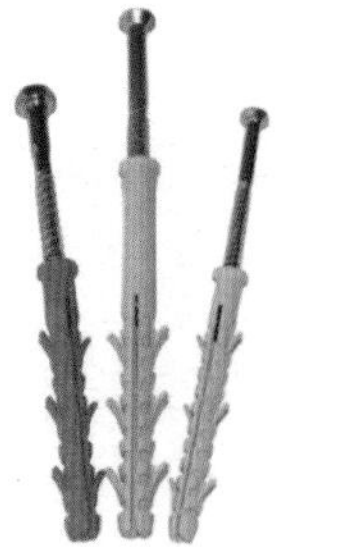	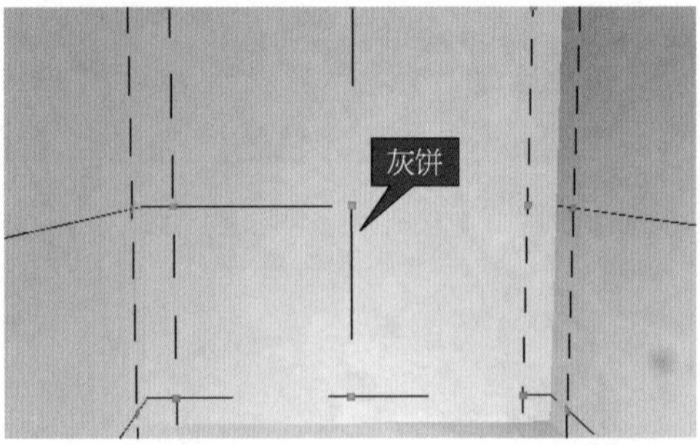
将塑料胀塞安装在打好的孔内，再将自攻钉拧入塑料胀塞中。	用石膏浆料在自攻钉的位置制作灰饼，先抹上灰饼再抹下灰饼，上下灰饼应在同一直线上，灰饼应为 50mm 见方，待灰饼凝固后拧出自攻钉，横向灰饼距离小于 1500mm，竖向灰饼距离为 1500 ~ 1800mm。

图 6-9　弹线、做灰饼（二）

机具介绍－电锤

在混凝土、楼板、砖墙、石材等硬性材料上开孔，但它不能在金属上开孔。配上适合的钻头可以代替普通的电转或电镐使用。

3. 制作石膏浆料

（1）保证每次制作的石膏浆料，在凝结前用完，已硬化的灰浆不得再使用。

（2）制作石膏浆料时，应先加水后倒入石膏粉，用电动搅拌机搅拌 3 ~ 5min，静置 5min 左右再进行二次搅拌 3 ~ 5min。见图 6-10。

图 6-10　电动搅拌器搅拌石膏粉

4. 标筋

在水平或垂直灰饼间做标筋，使用底层粉刷石膏，并用靠尺压平。见图 6-11。

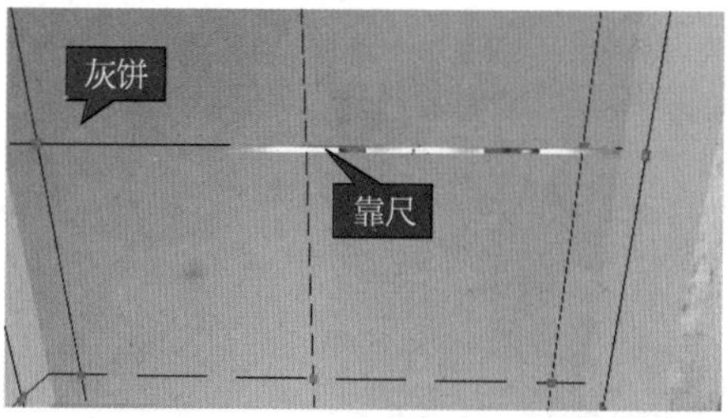	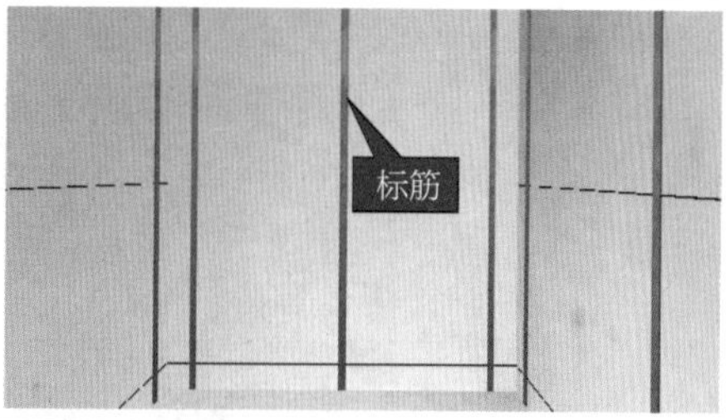
用 2m 靠尺，检查灰饼的平整度，在此之前拧出塑料胀塞里的自攻钉。	相邻灰饼平齐，在上下两个灰饼间做标筋，制作标筋时使用底层石膏。

图 6-11　制作标筋

机具介绍 - 靠尺

垂直度检测，水平度检测、平整度检测，家装监理中使用频率最高的一种检测工具。检测墙面、瓷砖是否平整、垂直。

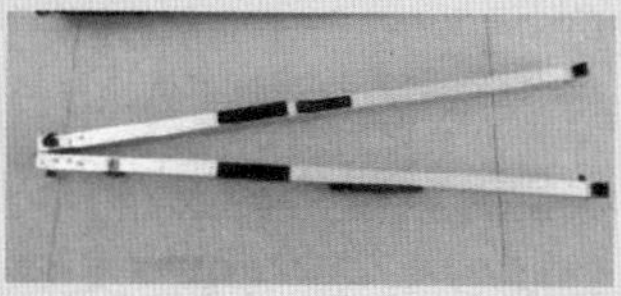

5. 刮抹底层石膏

（1）将低层石膏抹至墙面上，抹灰由左至右，由上至下，直到冲筋高度。

（2）每刮一遍底层粉刷石膏不宜超过 6mm，且都要在底层粉刷石膏初凝后方可刮下一遍；刮抹底层石膏不得超过 20mm，若超过需每超 10mm 增加一层网格布。见图 6-12、图 6-13。

图 6-12　用钢抹子将石膏浆料抹在墙面上

图 6-13　用刮杠，压紧冲筋刮去多余浆料

6. 铺贴网格布

满刮 3 ~ 5mm 的底层粉刷石膏后，将网格布贴到底层粉刷石膏上，用铁抹子压入底层粉刷石膏，石膏初凝结后进行面层抹灰。见图 6-14。

图 6-14　网格布贴到底层石膏

7. 满刮面层石膏

若底层石膏找平层表面比较粗糙，应满刮面层石膏一遍；底层石膏表面比较细腻时，可不刮。见图 6-15。

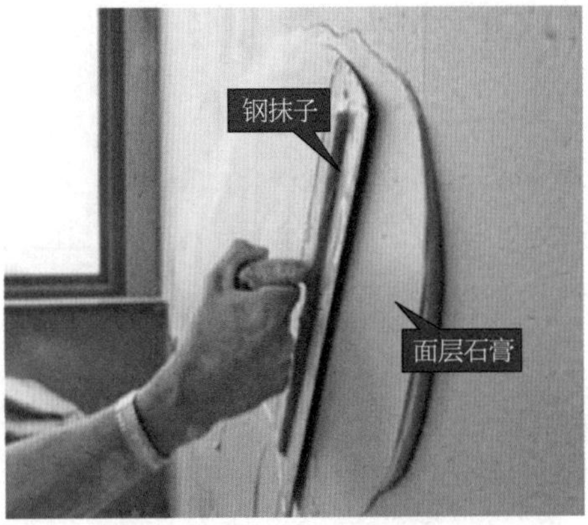

图 6-15　钢抹子，满刮面层石膏一遍

8. 养护

抹灰表面在终凝前以手按压，表面不出现明显痕迹时，用钢抹子压光，以使表面平整光滑，施工完成后，养护 24h。

6.1.8　教你如何验收

粉刷石膏的验收的项目主要包括墙、顶面的平整度、垂直度、阴阳角顺直度、阴阳角方正度、表面有无空鼓等情况。

（1）表面平整度：允许偏差≤ 2mm，用两米靠尺、楔形塞尺检查。
（2）立面垂直度：允许偏差≤ 2mm，用垂直度检查仪检查。
（3）阴阳角顺直度：允许偏差≤ 2mm，拉 5m 线、不足 5m 拉通线检查。
（4）阴阳角方正度：允许偏差≤ 2mm，用直角检测仪检查。
（5）表面：无空鼓、无裂缝、无脱层，用小锤轻轻敲击、目测检查。

6.2 刮腻子施工要点与验收

6.2.1 什么是刮腻子

腻子是平整墙体及顶棚表面的一种装饰凝结材料，刮涂在底漆或直接涂饰在墙体基层上，用以解决墙体基层表面高低不平的缺陷。具体做法是将腻子刮在墙上，保证墙面平整，一般刮三遍，干后用砂纸打磨平整，然后刷乳胶漆，让墙面平整光滑。施工速度快、成本低、完工后不容易掉色等特点。

刮腻子施工时，需要注意，刮腻子一定要干透后才能进行刮下一遍，施工时候一定要避免冷风直吹或者穿堂风，否则会造成墙面看似被吹干了，实际上水分被锁在墙体内，等供暖季节到来，随着室内温度的提高，原来没干的腻子水分开始蒸发，墙面造成开裂问题。此外，刮完腻子要注意室内避免潮湿，否则腻子容易发霉或脱落。见图 6-16、图 6-17。

图 6-16　刮腻子

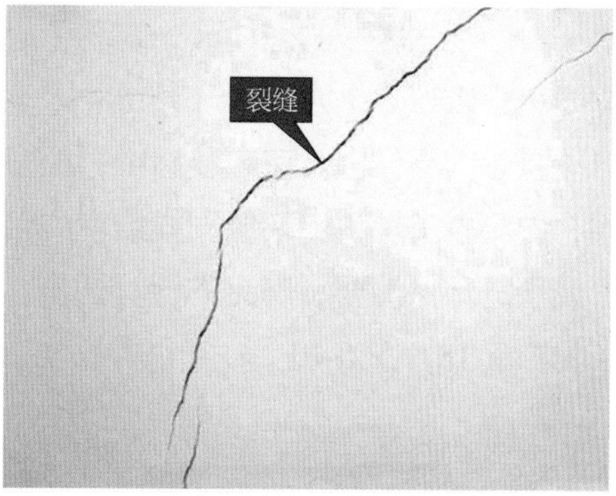

图 6-17　腻子开裂

6.2.2 腻子包括哪些种类

在油漆施工中，“七分腻子、三分漆”，腻子在墙面装饰中具有重要的作用。在装饰墙面时，要注意腻子的选择。腻子与墙体基层直接接触，填充基层中的空隙、裂纹和凹凸不平的地方，能让基层变得平整光滑，同时能起到防护的作用，家庭装修中，按照腻子的耐水性来说，可以分为耐水腻子和一般腻子。耐水腻子简称 N 型，一般型腻子简称 Y 型，通过查看产品的检验报告能够了解。见表 6-2。

腻子介绍　　表 6-2

类型	介绍	图片
普通腻子	由双飞粉（碳酸钙）、淀粉胶、纤维素组成，淀粉胶是一种溶于水的胶，遇水溶化，不耐水	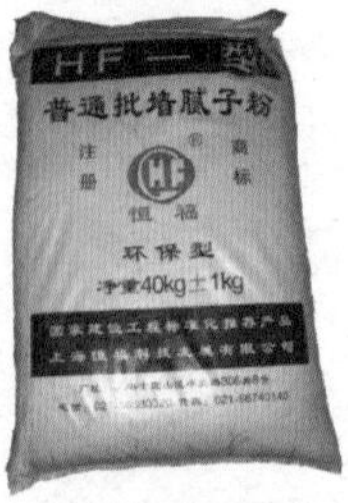
耐水腻子	由双飞粉（碳酸钙）、灰钙粉、水泥、有机胶粉、保水剂等组成，具有耐水性、耐碱性、粘结强、高粘结强度，不容易开裂	

6.2.3　腻子选购妙招

腻子作为基础层，表面涂饰乳胶漆，腻子对墙面的质量和美观起着非常重要的作用，选择好的腻子可以让增强墙面的耐久性及美观度。腻子在购买前需要对用量进行估算，腻子的用量取决于墙面的粗糙程度，可根据不同腻子产品的用量说明，如腻子粉的用量通常刮的厚度为 1mm 左右，为 1kg 腻子可刮 $1m^2$ 墙面。注意选择底漆，家庭装修选择耐水腻子，而耐水腻子的碱性大，容易引起涂料发花，最好搭配耐碱性底漆。在选择腻子时需要注意以下几个方面。

（1）腻子的环保性。家庭装修中，很多人只注重腻子的环保性，忽略了腻子辅料的环保性，如果腻子辅料不环保同样给室内带来严重的污染。目前市场上的腻子没有免检产品，腻子的环保性要看产品的检验报告，如果商家拿不出检验报告，多半产品是不合格的。见图 6-18、图 6-19。

图 6-18　环保腻子

国家建筑材料测试中心
检验报告

图 6-19　检验报告

（2）选择成品腻子。腻子分成品腻子和非成品腻子，非成品腻子施工时需要现场添加白乳胶等调配腻子，腻子的环保性不容易确定。

（3）选择耐水腻子。室内选择耐水腻子，防水性好，使用寿命长。

（4）手摸及观察。在购买腻子时，最好打开包装，用手捻腻子粉，光滑细腻的比较好，也可以用肉眼观察，两种腻子，白色程度高的装饰效果好。

（5）选择内墙腻子。查看包装上有无明确标识“执行 JG/T298-2010N 型《建筑室内腻子》标准”，首选耐水腻子（N 型），环保性好、粘结力墙、装饰性好、使用年限长。

（6）选择腻子粉要看口碑。业主可以网络排行榜，确定购买腻子的品牌，这些产品一般都是通过质检部门检验，避免只看广告，盲目购买。

6.2.4 用腻子刮完后可以不刷乳胶漆吗

墙面刮完腻子后，可以不刷乳胶漆吗？当然可以，不刷乳胶漆既可以减少投入又能环保，不过在刮腻子时要选择亚光腻子进行找平。亚光腻子也叫免漆腻子或抛光腻子，批刮完亚光腻子能让墙面细腻光滑，墙面光洁。亚光腻子是集腻子与面漆两者功能为一体的墙面找平及装饰材料，亚光腻子可用在出租房、车库、地下室等场所。见图 6-20。

图 6-20　亚光腻子

6.2.5 材料准备

材料准备　　表 6-3

名称	介绍	图片
耐水腻子	成分不溶于水，粘结强度高，有一定的韧性，透气性好，且墙面不起皮。不开裂、不掉粉	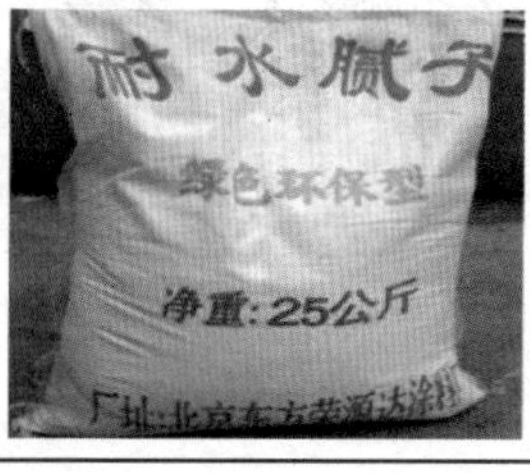

续表

名称	介绍	图片
墙固	108 胶、界面剂的代替品，是一种绿色环保，高性能的界面处理材料。墙固具有优异的渗透性，能充分浸润基材表面，使基层密实，提高光滑界面的附着力。墙固无毒、无味，是绿色环保产品	
石膏	用于墙面找平，具有一定的耐水性，比耐水腻子的粘结强度还高，干燥凝固速度快，使墙面不易空鼓开裂	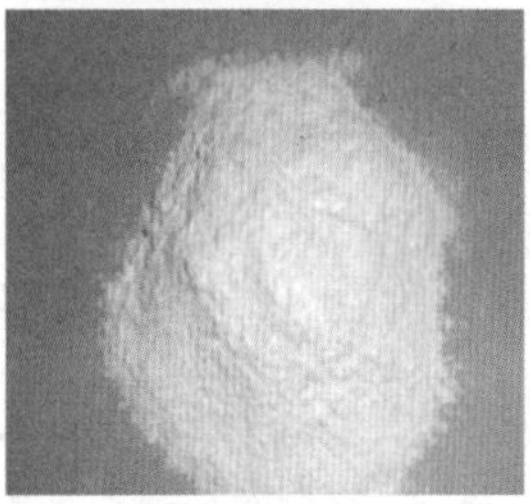

6.2.6 施工工艺流程

墙面检查→清理墙面→修补墙面→刮腻子→刷第一遍乳胶漆→刷第二遍乳胶漆→刷第三遍乳胶漆。

6.2.7 施工要点

1. 墙面检查

检查墙面已松动、空鼓、起翘部位，局部人工凿除，排出安全隐患。用空鼓锤敲击墙面，检查墙面是否有空鼓，如有空鼓，就用小锤砸除空鼓。见图 6-21。

(a)　　　　(b)

图 6-21　基层检查

(a) 人工凿除；(b) 砸除空鼓

家装妙招 - 墙皮要不要铲掉腻子墙面?

判断墙皮要不要铲掉是由墙面质量决定的，二手房改造一般是要铲除墙皮，一般铲到墙面砂浆即可。

如何判断墙面质量：首先进行墙面泼水试验：①将需要泼水的墙面灰尘去掉；②将水泼在墙面上静待 5s，用手指肚揉搓泼水腻子。腻子墙面没有任何反应，说明是质量上乘的腻子；如果揉出部分白浆，属于稍微差点腻子；揉出了白浆，还揉出了浅坑，超过了硬币的厚度，一定要铲除墙面腻子。

2. 清理墙面

墙面凸起处理，观察墙面情况，用扁铲，铲除起翘部位，装饰面砖务必铲除干净，个别粘贴比较牢固的墙砖可用电动扁铲进行拆除。见图 6-22。

图 6-22　用扫帚将墙面浮沉清理干净，残留灰渣铲干净，然后将墙面扫净

3. 修补墙面

装饰面砖铲除后基层砂浆仔细敲打检查，会发现墙上有很多问题，例如气泡、凹陷蜂窝等，空鼓基层砂浆务必铲除干净并重新用铁抹子填充抹实。用石膏将墙面磕碰处及坑洼缝隙等处找平，干燥后用砂纸凸出处磨掉，将浮尘扫净。见图 6-23。

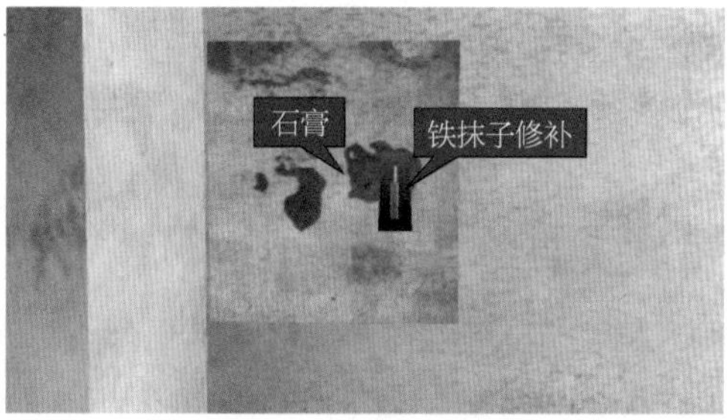

图 6-23　用砂浆修补，用铁抹子抹实

4. 刷墙固

为了防止墙面产生脱层、空鼓、开裂问题，降低墙面的吸水率，在墙面上刷墙固，黏掉墙面上的浮灰，增加墙面的摩擦力，腻子能够与墙面基层更好的粘结。对于该步骤业主要监理好，这属于隐蔽性工程，有些装修公司忽略这一步的施工。见图 6-24。

图 6-24 刷墙固

5. 防开裂处理

为了防止墙面开裂，用网格布或打孔牛皮纸，贴在墙体开裂部位，防止开裂处理。粘贴网格布一般是按照面积收费。见图 6-25、图 6-26。

图 6-25 网格布

图 6-26 墙面贴网格布

6. 刮腻子

刮腻子遍数可由墙面平整程度决定，一般情况为三遍，腻子分耐水腻子和非耐水腻子，非耐水腻子的最大缺点就是使用寿命短，容易出现空鼓、开裂、起皮等问题，耐水腻子使用寿命长达 15 年，抗粉化能力强。

（1）第一遍基层找平处理。用钢抹子横向满刮，一刮板紧接着一刮板，接头不得留槎，每刮一刮板最后收头要干净利落。特别是阴阳角处找平，将墙角与墙面的不规整地方经过加厚腻子的方式让墙角垂直方正，为后面的施工创造条件。腻子干燥后磨砂纸，将浮腻子及斑迹磨光，再将墙面清扫干净。见图 6-27。

图 6-27　用刮板横向满刮

家装妙招－腻子打磨如何验收?

腻子打磨可以分第一遍的粗打磨，最后的细打磨，如果是普通装修，站在距离墙 1.5m 距离观察，如果看不到打磨痕迹为合格。如果是精装修，站在离墙 1m 距离平视观察，看不到打磨的痕迹为合格。

（2）第二遍用满批腻子。在第一遍找平的基层上，用钢抹子竖向满刮墙、顶面，所用材料及方法同第一遍腻子，干燥后砂纸磨平并清扫干净。见图 6-28。

（3）第三遍表面处理。用钢抹子满刮腻子，将墙面刮平刮光，要求整个墙顶面必须是平整，不得有空鼓、起皮等问题。干燥后用砂纸对腻子进行打磨，不得遗漏或将腻子磨穿。见图 6-29。

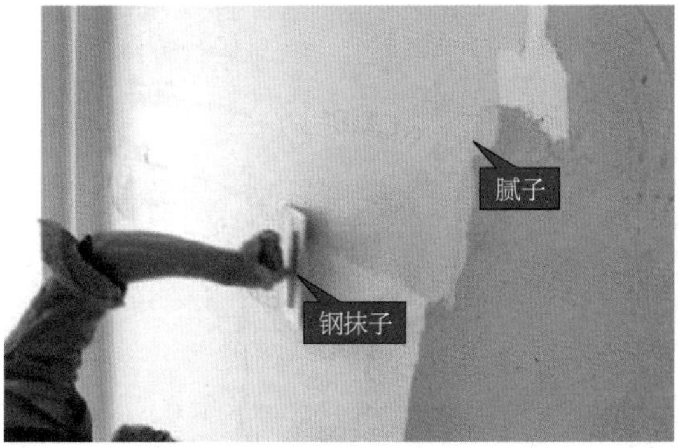

图 6-28　满刮腻子

图 6-29　打磨

家装妙招－为什么装修队不喜欢耐水腻子?

耐水腻子的性能要好过普通腻子，为什么装修队不喜欢耐水腻子呢？首先耐水腻子比普通腻子贵；另外耐水腻子比普通腻子打磨费劲，墙面干透越久打磨越费力。

6.2.8 教你如何进行腻子验收

（1）测量平整度。用 2m 靠尺，靠紧墙面，靠尺与墙无缝最好，允许存在 2mm 误差。

（2）已经干后的腻子，喷些水，观察腻子是否会柔化或粉碎。若没有，说明腻子的稳定性好。

（3）在腻子的表面用细砂纸打磨，直至出现反光效果，看上去有金属发光的效果。

（4）观察阴阳角是否垂直呈直线，目测没有任何的弯曲。

6.3 乳胶漆施工要点及验收

6.3.1 挑选乳胶漆妙招

乳胶漆，也叫乳胶涂料，是水溶性装饰材料，有内墙和外墙建筑涂料，直接涂刷在室内墙面上，起到保护和美化墙面的作用。很多人去材料市场购买乳胶漆时，每个商家都说自己是大品牌，功能多样，业主也不知道该买哪个品牌，不知道如何挑选，购买乳胶漆时，主要看两个方面，一是环保性，二是功能性。

1. 环保性

首先看环保级别，环保级别分为国标和欧标两种，一般来说欧标的环保性略高于国标，出口漆以欧标为准。在乳胶漆桶外包装上，能够看到绿色环保标志。见图 6-30、图 6-31。

图 6-30　中国环境标志

图 6-31　德国环保最高标志

2. 看样品进行辨别

（1）观察乳胶漆表面是否有水浮出。如果有水浮出，说明原料乳液的配比、溶解性不好，易褪色，耐水性不好。

（2）在涂料刷上蘸少量乳胶漆，观察呈现的状态。如果在刷子上呈线状往下流，说明流动性好，易施工，否则，流动性差。见图 6-32。

图 6-32　流动性检查

（3）观察稠度。乳胶漆稠度高，施工人员会不断的加水，造成乳胶漆遮盖力低、易掉粉，优质的乳胶漆稠度适中均匀且有光泽。

（4）打开乳胶漆桶后，乳胶漆是否部分结块、分层问题，若没有上述问题，说明乳胶漆质量好。

3. 看功能性

乳胶漆有耐擦洗、防潮、防霉、抗碱、抗菌、抗裂纹、抗甲醛等功能，选择哪款乳胶漆要看自己适用的场所。如果楼层较低或潮气重，首先考虑防潮、防霉功能的漆；新房子，墙面可能会出现少量细纹，应该考虑抗细纹、抗甲醛功能的漆。见图 6-33、图 6-34。

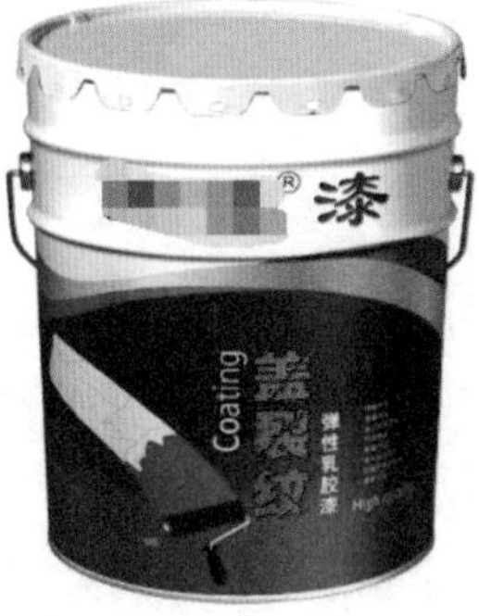

图 6-33　抗裂纹乳胶漆

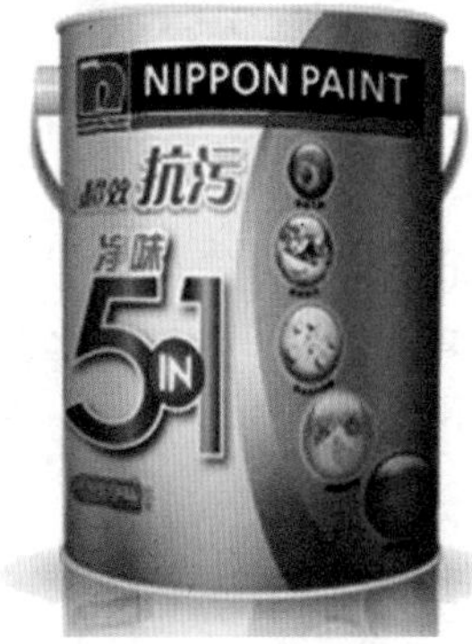

图 6-34　抗污乳胶漆

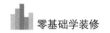

4. 乳胶漆“香味”请当心

装饰材料市场乳胶漆的品牌多样，在选择乳胶漆时尽量不要选择带有“香味”的乳胶漆。乳胶漆添加香精能够掩盖掉异味，而这些异味通常含有苯等有害物质，“香味”无法消除有害物质。

6.3.2 乳胶漆 VS 壁纸

墙面装修在室内空间中占有很大的面积，既要好看，又要简约。乳胶漆造价比较低、比较简洁大方，壁纸花色多样、质感好。很多人纠结到底用用乳胶漆还是壁纸，首先要比较两者的优缺点。

1. 乳胶漆的优点

（1）造价比较低，每平方米包含基层处理、人工费等，价格在 25 ~ 50 元 /m^2。

（2）容易修补，如果墙面出现破损，可直接涂刷修补

（3）工艺简单，墙面基层处理完成后，刮腻子刷乳胶漆即可，施工速度快。

2. 乳胶漆缺点

（1）墙面开裂问题，墙面开裂是乳胶漆时难以掩饰的，无法通过乳胶漆进行修补。

（2）颜色单一，乳胶漆颜色虽然可以调配，但是颜色单一，没有花色，深色漆的用法很难把握。见图 6-35。

图 6-35　乳胶漆墙面

3. 壁纸的优点

（1）图案丰富，壁纸有多种图案，与装修风格容易搭配，这是乳胶漆难以实现的。

（2）花色多、质感强，壁纸有多种花色，且墙面质感较高，即使是同样的花色，能够延伸出多种质感。

（3）壁纸的吸声效果好，壁纸表面凹凸的特性，能够起到很好的吸声效果。

（4）壁纸可以掩饰墙面开裂问题。

4. 壁纸的缺点

（1）壁纸容易吸附灰尘，虽然壁纸有凹凸的特性，容易吸附灰尘。

（2）不利于修补，如果壁纸被污染或者损坏，需要大面积的更换。

（3）造价高，壁纸的造价比乳胶漆要高，一般壁纸的造价 $1m^2$ 在 80 元以上。见图 6-36。

图 6-36　壁纸墙面

乳胶漆与壁纸各有优缺点，在选择材料时要考虑适用的室内情况。如果是新房，原有墙体有开裂问题，可以选择壁纸，如果墙面基层比较好，装修预算有限，可以选择乳胶漆。在家庭装修时，两者可以混用，达到理想的装修效果。

6.3.3　墙面涂刷乳胶漆用哪些材料?

部分材料表　　**表 6-4**

材料名称	功能	图片
抗碱底漆	抗碱底漆是采用欧洲优质原材料和先进的造漆工艺精制而成的一种新型水性高品质环保建筑装饰涂料	
乳胶漆	是以丙烯酸酯共聚乳液为代表的一大类合成树脂乳液涂料	
美纹纸	美纹纸是一种高科技装饰、喷涂用纸（因其用途的特殊性能，又称分色带纸），广泛应用于室内装饰、家用电器的喷漆及高档豪华轿车的喷涂	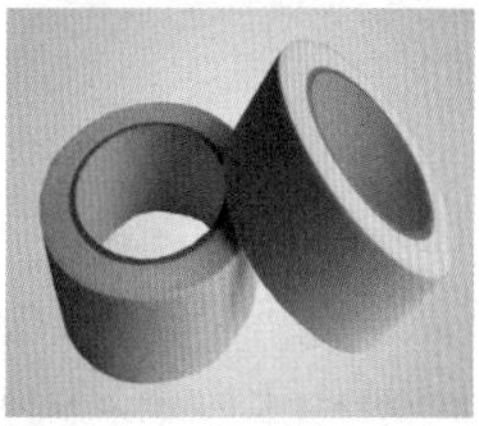

6.3.4 墙面乳胶漆施工工艺

基层检查→涂刷第一遍底漆→第二次灯光验收→涂刷第二遍底漆→涂刷面漆→验收。

6.3.5 墙面乳胶漆施工要点

1. 基层检查

（1）底漆涂刷前，采用 40W 日光灯放置在设计光源位置，观察腻子找平层平整度，以表面反光均匀无凹凸为通过。用日光灯查看墙面是否有凹凸现象。见图 6-37。

图 6-37　照日光灯

（2）大面积墙体用 2m 靠尺及塞尺检查平整度，合格后方进行抗碱底漆施工。见图 6-38。

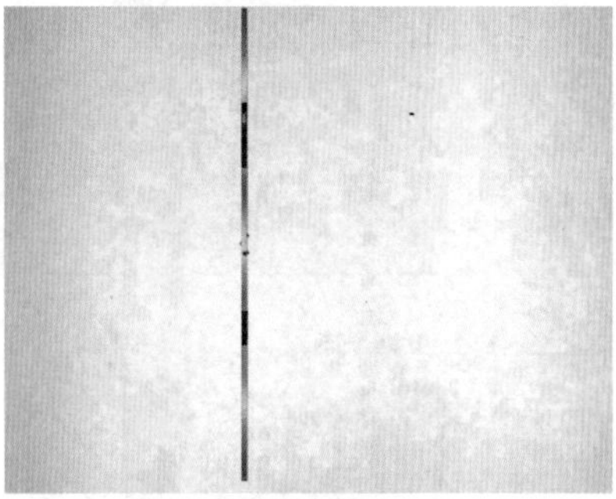	
靠尺检查墙面平整度	查看塞尺读数，小于 2mm，墙面平整

图 6-38　平整度检查

2. 涂刷第一遍底漆

在腻子基面上均匀地滚涂、刷涂一层抗碱封闭底漆，进行封底处理，大面积可用滚涂，边角处用毛刷小心刷涂，直到完全无渗色为止。见图 6-39。

图 6-39　滚涂封闭底漆

家装妙招 – 乳胶漆能掺水?

每个品牌的乳胶漆不一样，有的建议直接涂刷，不掺水，有的品牌有掺水比例，一般 5% ~ 10%，大概的比例就是一桶 5L 装乳胶漆可加入小于一瓶矿泉水量，注意不能掺多，否则容易流挂、起泡等问题。另外，很多乳胶漆调色都是免费的，特别是浅色，加入一点色浆就可以无需另收费。

3. 涂刷面漆

（1）滚涂：滚涂时按自下而上、再自上而下按“W”形将涂料在基面上展开，然后坚向依直涂没。滚涂的宽度大约是滚筒长度的四倍，使用滚筒的三分之一重叠，以免滚筒交接处形成明显的痕迹。

（2）选用优质短毛滚子，先刷顶板后刷墙面。乳胶漆使用前应搅拌均匀，可适当加水稀释，防止头一遍漆刷不开，干燥后复补腻子。再干燥后磨光扫净，阴角处用 6cm 小滚滚涂，达到颜色一致。见图 6-40。

图 6-40　第一遍面漆

（3）同第一遍，漆膜干燥后将墙面小疙瘩或排笔毛打磨掉，磨光滑后清扫干净。滚涂时，打匀后朝一个方向轻轻用滚子轻压收光以达到相同折光率。见图6-41。

图6-41　第二遍面漆

（4）同一墙面上如果有两种以上的颜色搭配，不同颜色的分界处应界线分明，无杂色染色现象。

（5）避免出现干燥后疙瘩、砂眼、刷纹、接头，分色时一定要直。

6.3.6　教你如何验收

乳胶漆涂刷完成后，需要对涂饰层进行验收，验收的项目主要包括：泛碱、咬色、流坠、疙瘩、颜色、反光等内容。见表6-5。

验收项目　　表6-5

项次	项目	质量标准	检验方法
1	泛碱、咬色	不允许	观察检查
2	流坠、疙瘩	无	观察、手摸检查
3	颜色	均匀一致	观察检查
4	砂眼、刷纹	无	观察检查
5	边框、灯具等	无污染	观察检查

6.4　壁纸装饰施工要点

6.4.1　壁纸选择注意的问题

壁纸能够提升室内装修的档次和温馨，目前装饰材料市场壁纸种类多样，价格差别很大，质量难分辨，选择比较困难，对于消费者来说，首先要了解壁纸基本知识。

1. 壁纸的种类

常用的壁纸比较多的是无纺布、纯纸、纸基压模三种材料。见表6-6、图6-42。

常用壁纸　　表6-6

种类	介绍
无纺布壁纸	由植物纤维堆叠而成，色彩渲染好，手感好，紧贴墙面，墙面的透气性好，但是耐擦洗比较差
纯纸壁纸	耐擦洗性比无纺布好，易清理，颜色饱满，透气性较好，手感光滑
纸基压模壁纸	在纸基上面进行树脂压模，耐擦洗性很强，可用牙刷刷洗，凹凸感强，裱糊技术要求不高，透气性差

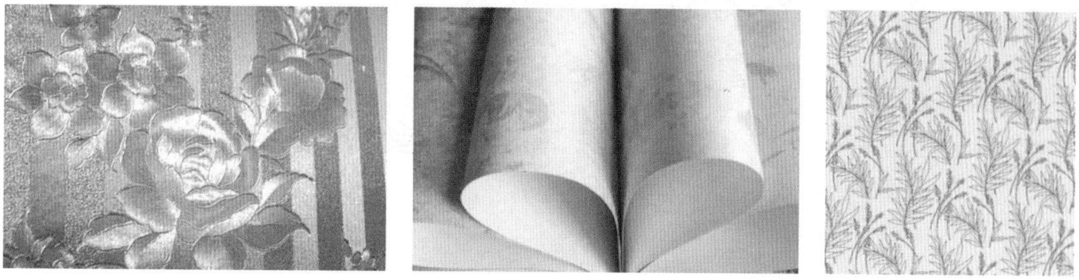

（a）　（b）　（c）

图6-42　壁纸种类

（a）无纺布壁纸；（b）纯纸壁纸；（c）纸基压模壁纸

2. 花色

壁纸有大花和小花之分，在选择时根据室内需要及预算情况，大花的壁纸在拼花时，损耗比较大。在选择花色时，墙纸颜色越纯正、花型越素雅、铺贴效果越好，同时也越经典，不会造成视觉疲劳，也可以根据每个房间的不同需要，选择不同的花色的壁纸。见图6-43、图6-44。

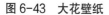

图6-43　大花壁纸

图6-44　碎花壁纸

3. 辅料

在壁纸裱糊时，通常采用基膜、胶粉等墙纸辅料，购买时要与商家明确好选用哪种品牌辅料，最好是天然材料提炼的胶水，例如糯米胶、玉米胶等。基膜主要为了防止墙面的泛碱问题，主要涂刷在基层上，胶粉主要用于粘结壁纸。见图6-45、图6-46。

图 6-45　基膜

图 6-46　糯米胶

（1）壁纸施工费用问题。壁纸施工收费是按照购买的壁纸量计算人工费，不是按照实际施工量来计算，如果消费者购买的壁纸多了，虽然整卷壁纸可以退回，但是人工费是按照起初购买的量计算，人工费大约 30 元左右一卷，在施工人员选择上，建议谁家的壁纸让谁家铺贴，避免日后出现问题，施工方与卖家相互推诿。还要注意壁纸的尺寸，国内壁纸尺寸是 0.53m × 10m，壁纸只能竖接缝隙，不能横接。

（2）环保性。无论选择什么样的壁纸环保性首先是第一位，在家庭装修中，尽量不要选择 PVC 合成壁纸，特别是闻起来有塑料味的壁纸要谨慎选择，且 PVC 壁纸的透气性较差，贴上墙容易翘边和发黄。

（3）选择时“看”、“摸”、“闻”、“擦”。看，壁纸的表面是否存在色差、褶皱和气泡，花色是否均匀，图案是否清晰；摸，壁纸质感是否好，壁纸的厚薄是否一致；闻，壁纸是否有刺鼻性气味，否则很有可能甲醛等有害挥发性物质；擦，可以裁一块壁纸，用湿抹布擦拭壁纸表面，看是否有掉色问题。

6.4.2　壁纸铺贴场所有妙招

壁纸由于具有很好的花色、图案、机理效果，能够很好的与室内风格相搭配，在确定好室内的装修风格后，不同的房间可选择不同的壁纸，可从壁纸的花色和颜色进行考虑。

（1）客厅，客厅一般是家庭成员的主要活动的场所，应该选择明快大方的色彩，选择高等次壁纸，考虑壁纸的环保性、透气性。传统的布面、玻纤布或硅藻泥都可以，让设计风格大气、简约为主，色调不要过暖，过暖容易造成居住着心情不好。见图 6-47。

（2）卧室，卧室一般选择暖色调或碎花壁纸，营造浪漫温馨、舒适的感觉，壁纸要柔和的色彩，朴素的图案。如果是老人卧室，壁纸在花色选择上选用沉稳的色彩壁纸，也可根据老人的喜欢选择素花壁纸。卧室的环保性重要，可以选择纸质墙纸、木纤维墙纸等。见图 6-48。

图 6-47　客厅壁纸

图 6-48　卧室壁纸

（3）儿童房，孩子活泼好动，建议选择色彩明快壁纸，在花色选择上以蓝色或者绿色为主，能够打造出儿童房的天真乐趣，能够培养孩子发散思维，对小孩的成长发育有帮助。小孩长期处于这样的环境，有利于形成安定、文静的性格。避免选择红色壁纸，大面积的壁纸，容易引起小孩的脾气暴躁，也会影响孩子的睡眠。壁纸种类选择上同卧室一样，一定注意环保性要求，壁纸类型可以选用卧室种类。见图 6-49、图 6-50。

图 6-49　蓝色壁纸

图 6-50　绿色壁纸

6.4.3　壁纸施工材料

壁纸施工材料　　表 6-7

材料	介绍	图片
基膜	基膜能够固化腻子粉与墙体之间的强度，抗碱保护墙面、耐磨、抗裂、抗击性强	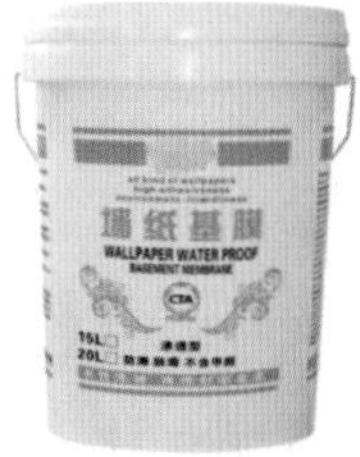

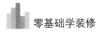

续表

材料	介绍	图片
壁纸胶	糯米胶，黏性大、绿色环保、施工方便，选择具有“十环认证”“欧盟认证”标识产品	
纯纸壁纸	以纸为基材，经过印花而成，自然、舒适、无异味、环保性好、透气性强	

家装妙招－壁纸搭配

壁纸与室内搭配有很好的技巧。(1)提升空间感，建议选择直条纹壁纸，用白底壁纸或蓝、绿色壁纸；(2)房间光照不足，朝北的居室光线不足，宜选择浅橙色等暖色系壁纸，避免产生压力感；(3)增加分段墙面的整体感，可选用图案较小或纯色壁纸；(4)大花朵图案、色彩鲜艳的壁纸适合装修单调的居室、小碎花壁纸适合家具简洁、光线充足的居室，此外，如果室内装饰物太多，搭配小碎花容易显得冷乱。

6.4.4 施工流程

墙面处理→涂刷界面剂→刮腻子、打磨→涂刷基膜→准备壁纸→定位画线→铺贴壁纸→开关及插座处壁纸的处理→检查验收。

6.4.5 施工要点

1. 墙面处理

将墙面彻底清扫干净，表面不得有浮尘、杂物、明水等，要注意随时注意保持基面清洁卫生。见图 6-51。

图 6-51　清理墙面灰尘、浮土

2. 涂刷基膜

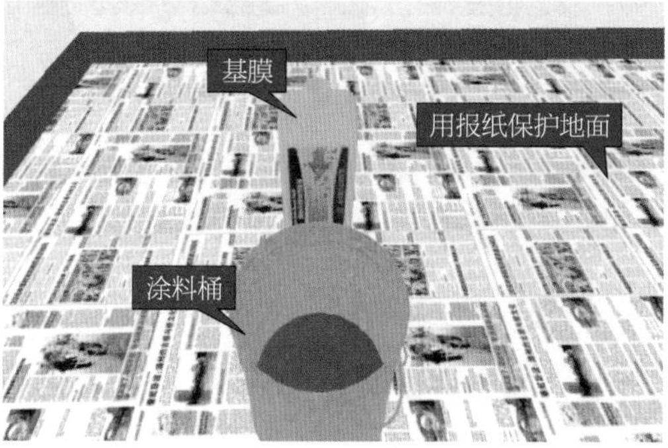

（a）

（b）

（c）

图 6-52　涂刷基膜

（a）将壁纸基膜倾倒在涂料桶中，加水，备用；（b）用滚刷将基膜充分搅拌均匀；（c）用滚刷涂刷基膜

3. 准备壁纸

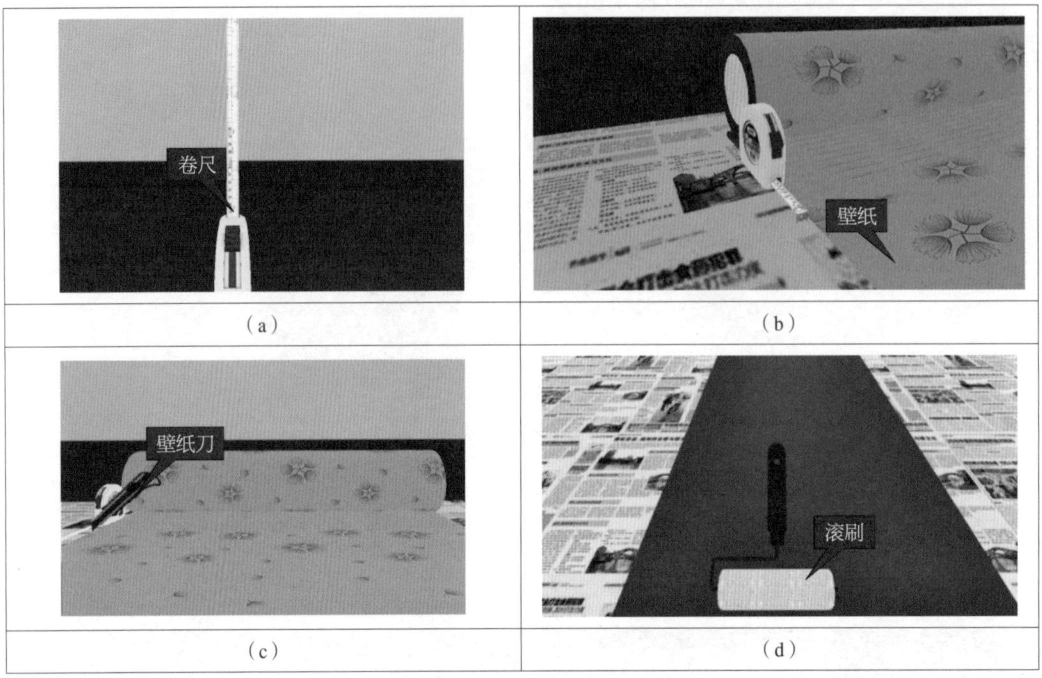

图 6-53　准备壁纸

（a）用卷尺测量要铺贴的墙面的高度；（b）将壁纸打开，用卷尺测量壁纸长度，两头预留 30 ~ 50mm 余量；（c）将壁纸用壁纸刀进行裁切；（d）用滚刷在壁纸背面滚涂壁纸胶水

为保证壁纸的颜色、花饰一致，裁纸时应统一安排，按编号顺序裱糊。主要墙面应用整幅壁纸。

4. 定位画线

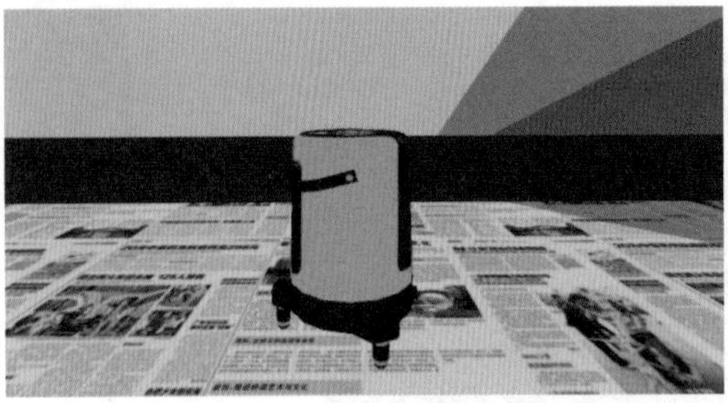

图 6-54　水平仪定位墙面基线

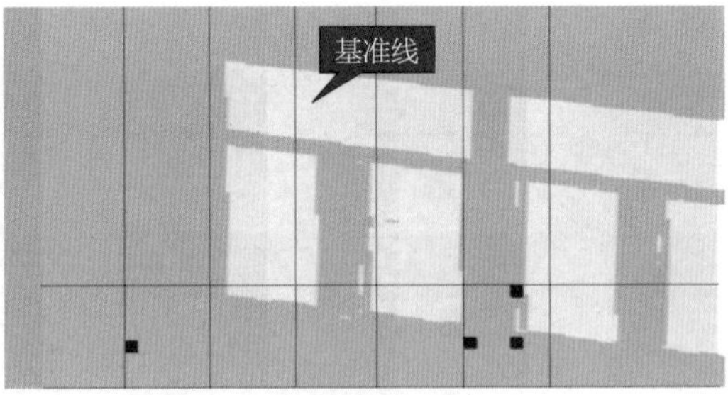

图 6-55　墙面弹出基准线

5. 铺贴壁纸

从墙面阴角部位开始，铺贴时先垂直后水平、先上后下，无花壁纸第二张搭接 20mm，接缝要对齐平整，将重叠部分切割；带图案壁纸，要先对花后拼缝，壁纸边多余的胶液要及时用湿海绵擦拭干净。见图 6-56。

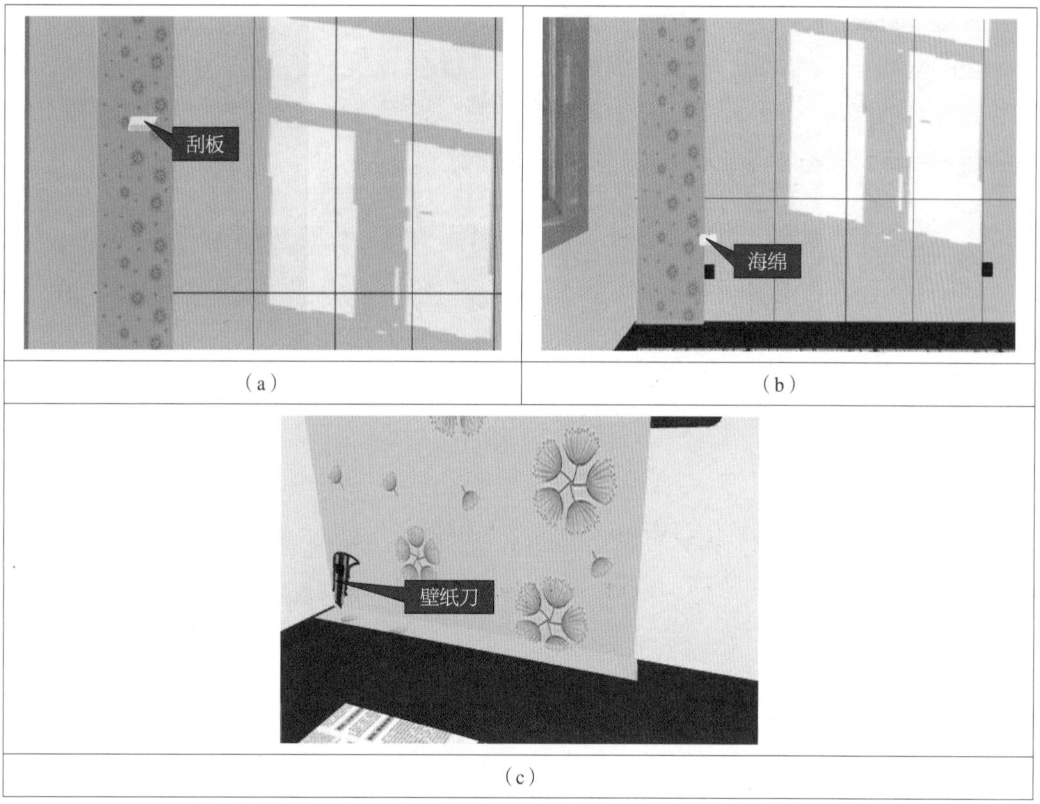

（a）（b）（c）

图 6-56　铺贴壁纸

（a）用刮板将铺好的壁纸刮平；（b）用海绵将壁纸边缘的壁纸胶擦拭干净；（c）用壁纸刀裁去壁纸下沿多出的部分

6. 开关及插座处壁纸的处理

用壁纸刀在开关或插座处壁纸上画对角线，将壁纸割开，用刮板抵住开关边缘，用壁纸刀顺势割去多余的壁纸，切割出开关或插座的外轮廓。

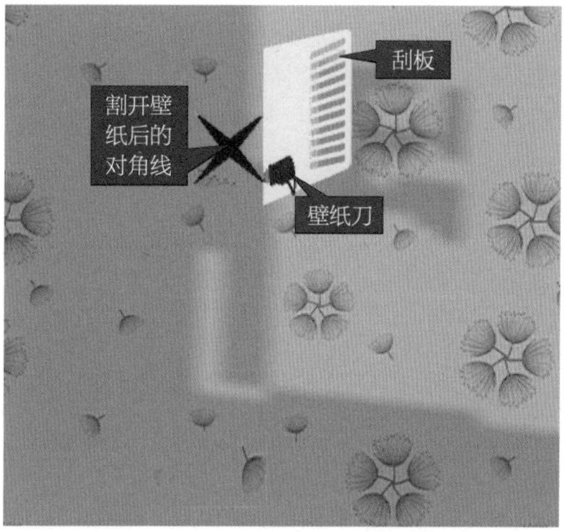

图 6-57　开口及插座处壁纸的处理

7. 检查验收

全部壁纸施工完成后，检查接缝是否对齐、翘边，是否有气泡，图案是否吻合，否则将进行专项修整。壁纸贴好，检查验收完毕后，关闭门窗 24h，让墙纸自然干燥。不要开暖气等空调设备，以免墙纸剧烈收缩造成开缝。

第 7 章　安装工程施工

家庭装修要按照施工流程来进行，只有这样业主装修时才不会手忙脚乱，整个施工过程如同我们整理家务时是“先擦桌子后扫地”，还是“先扫地后擦桌子”？如果装修的顺序乱了，就会造成很多麻烦。例如墙面已经粉刷完了，结果还没有铺地砖，结果铺地砖时又污染了墙面，浪费人力财力。安装工程施工是在墙体拆改、水电改造、瓦工施工、木工施工、墙面涂饰粉刷等所有装修完工后最后一个步骤，这个步骤主要包括开关插座灯具安装、卫生洁具、升降衣架安装、保洁等。

7.1　开关、插座施工要点

7.1.1　家庭装修前必看——开关、插座如何布置?

开关插座虽然小，但是如果设置不合理，给生活造成很多的麻烦。例如寒冷的冬天，起来去关灯，准备上网时，费好大劲弯腰去插插座等。家庭装修中每个功能空间如何来布置开关、插座?

1. 客厅

客厅安装双控开关控制客厅灯，一般在入户门处要有一个开关，电视机及沙发两边要设置五孔插座，注意尽可能多留，电视墙上挂电视时，壁挂电视电源高度根据空间大小确定，一般距离地面高度为 100 ~ 120cm，在墙面上剔槽，预留一根 50mmPVC 管，将 PVC 管埋入墙内，作为视频线穿线管，隐藏视频线。插座距离地面 20 ~ 30cm 位置，电视挂墙高度屏幕中心线距离地面 120cm，根据实际情况可调整距离地面 140cm 的位置。此外，还要考虑落地灯、饮水机、电脑等电器进行充电。注意插座可以多留几个，留少了，用起来不方便。见图 7-1、图 7-2。

2. 卧室

卧室照明灯应在卧室进门和床头处安装双控开关，床头处双控开关及插座应在床头柜上面安装，距离地面 60 ~ 75cm，卧室主要考虑笔记本电脑、手机、台灯、电视等电器插座的位置，避免再找插排进行充电。空调机插座距离地面 180 ~ 200cm，安装 16A 三孔插座。见图 7-3。

3. 厨房

厨房是使用电器最多的地方，灶台上要安装油烟机五孔插座，插座距离地面

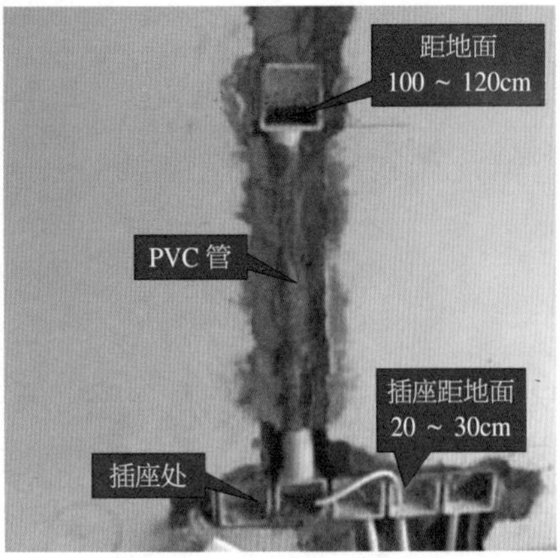

图 7-1 电视机插座

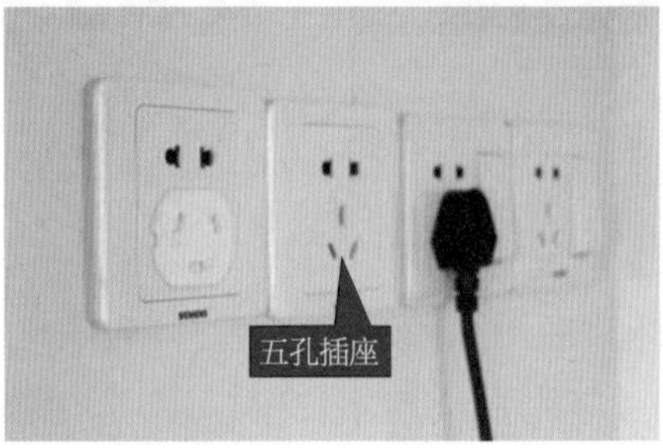

图 7-2 沙发旁插座

图 7-3 卧室开关插座布置

180 ~ 220cm，冰箱的插座，最好放在冰箱两侧距离地面 130cm，或低插距离地面 50cm。此外，电饭煲、豆浆机、热水壶、烤箱等常用电器，最好选择自带防油污保护门插座，插孔旋转保护，不进油污，台面下考虑按照直饮水净水器，距离地面 50cm，放在水槽柜内，加防溅盒，插座尽量按照五孔插座，方便使用。见图 7-4。

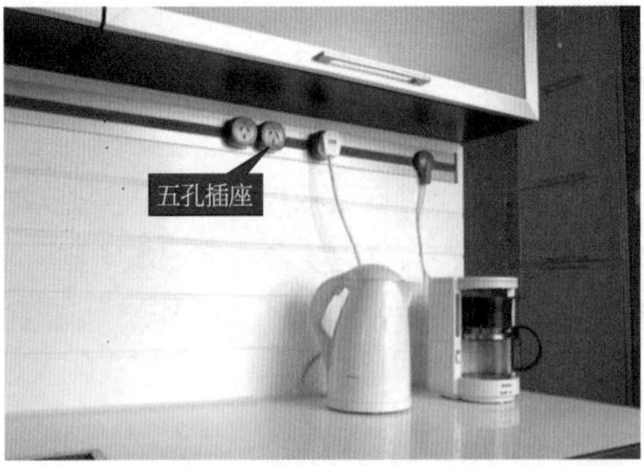

图 7-4 厨房小家电插座布置

4. 书房

书房主要考虑笔记本电脑、台灯、手机等电器的插座，提前测量书桌的尺寸，尽量把五孔插座布置在桌面上，插座距离地面 90cm，避免爬到桌子底下拔插头，不方便使用。

5. 卫生间

尽量使用防溅水插座，避免洗澡时溅入插座，要考虑吹风机、洗衣机、智能马桶等电器插座位置，洗衣机插座距离地面 120cm 或者低插 35cm，注意低插不要安装在洗衣机后面，吹风机最好安装拉不脱插座，怎么拉不容易松，安全方便，电热水器插座距离地面 180 ~ 200cm 位置，安装 16A 带开关三孔插座。马桶插座距离地面 35cm，需要加装防水盒。见图 7-5。

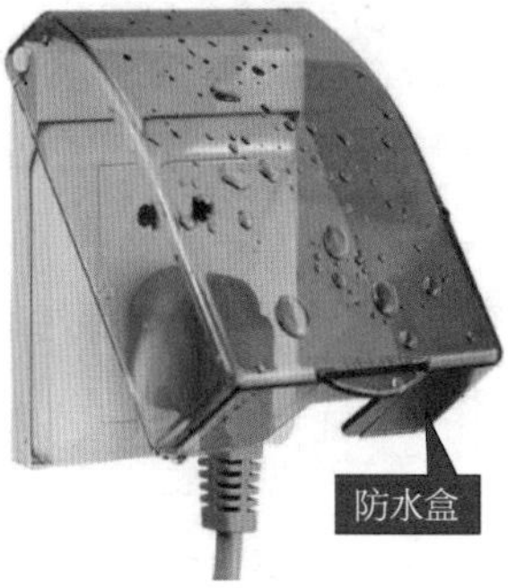

图 7-5　防溅水插座

6. 阳台

主要考虑洗衣机使用，在洗衣机位置安装五孔插座，插座距离地面一般为 130cm。

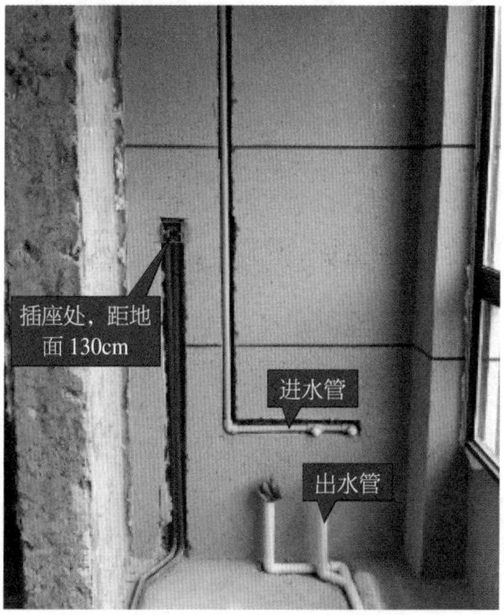

图 7-6　阳台洗衣机布置

7.1.2 安装插座，这些问题得注意

（1）多个电器共用一个插座。家庭大功率电器，例如冰箱、空调等要单独设置插座，多个电器共用一个插座，容易造成电器使用过程中超负荷运行，引发火灾。见图 7-7。

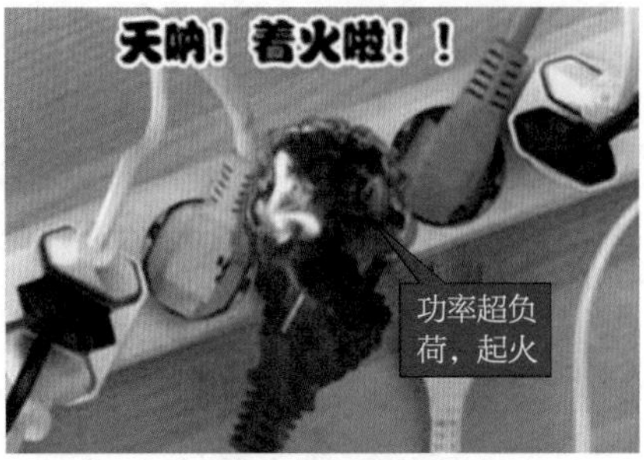

图 7-7 电器共用插座隐患

（2）墙内插座线导电线路不合格。墙内插座导线必须选用铜线且电源线截面要符合要求（前面已经讲过），如果采用例如铝导线等，容易造成漏电、短路，影响家居生活安全。

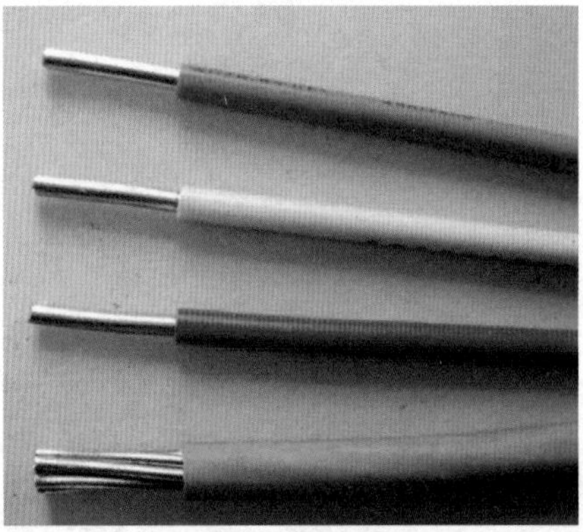

图 7-8 铜导线

（3）插座位置太低。家庭装修时，有些业主感觉插座太高，不好看，影响美观，在装修时把插座安装的位置比较低，但是在打扫卫生时，特别是拖地时，很容易造成水溅到插座中，导致漏电，引发安全问题。

（4）插座缺少防水罩。在卫生间或者靠近洗手盆有插座的地方，应在插座上安装防水罩，能够避免空气中水汽进入插座。

（5）儿童防触电。插座一般装在墙的下部，有时孩子比较好奇，拿着铁东西插入插座孔洞，引发安全问题，因此，如果孩子太小，对于不经常用的插座可以安装插座堵头。见图 7-9。

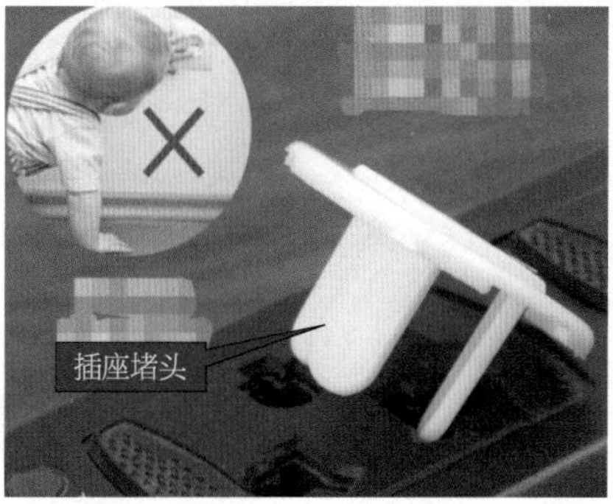

图 7-9　插座堵头

7.1.3　插座施工材料有哪些

插座施工材料　　表 7-1

名称	用途	图片
插座	插座，是指有一个或一个以上电路接线可插入的座，通过它可插入各种接线，便于与其他电路接通，通常采用五孔插座	
接线端子	接线端子的作用是低压电缆，电线接入电气设备（通常是变压器、箱、柜类）时的连接金具	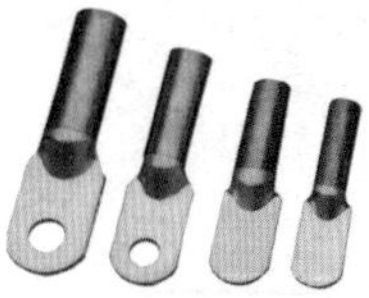
黑绝缘胶布	主要用于通用电线和电缆的绝缘保护，也可用来固定捆绑等。以棉布为基材，压延制成，具有良好的绝缘性和缠绕性，价格低廉，耐老化	

7.1.4　插座安装施工流程

清理→剥电源线→固定插座→安装装饰板。

7.1.5　插座施工要点（三线接法）

插座在安装前要墙面完成乳胶漆、壁纸等，室内通风干燥、切断电箱电源。为保证插座的安全耐用性，尽量找专业人来安装，目前，装饰市场上安装插座、开关及灯具需要单独收费，安装插座一般 5 元 / 个。

1. 清理插座底盒

插座的安装一般都是在装修基本完成后进行，在家庭瓦工、木工装修完成后，插座的底盒已经有大量的尘土等杂质，在安装插座前应先进行清理，大体清理一遍后最后用湿抹布将盒内灰尘擦干净，防止灰尘影响电路的使用。见图 7-10。

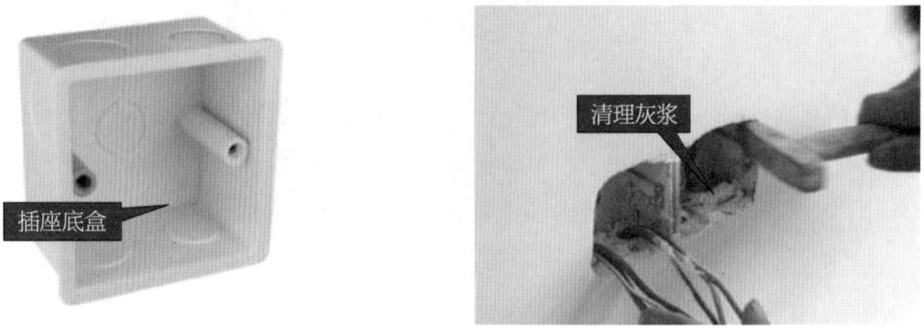

图 7-10　插座底盒及清理

2. 插座安装

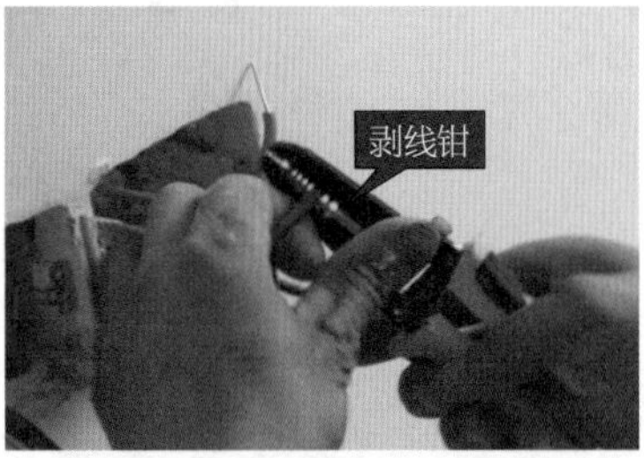	
用剥线钳，将线皮剥出刚好能完成插入接线孔的适宜长度，不要碰伤线芯。	将剥去线皮的线插入接线孔。
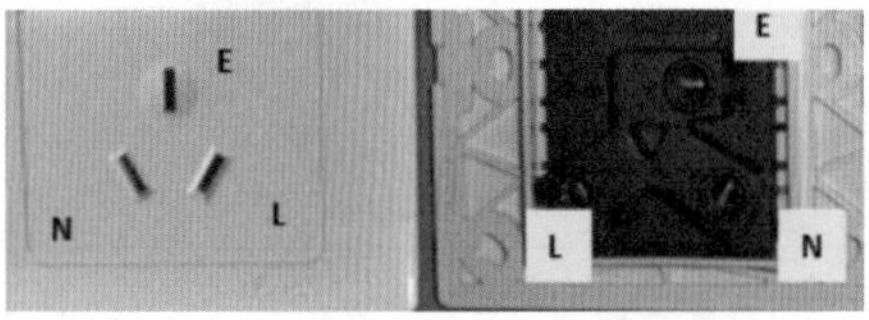	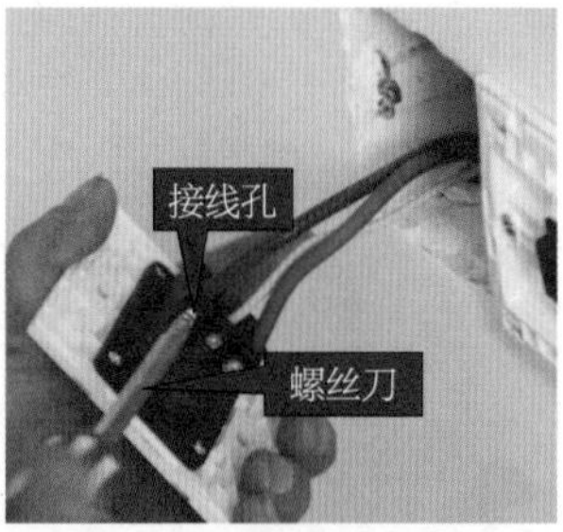
火线接入插座 3 个孔中的 L 孔，零线接入 N 孔，地线接入 E 孔。	用螺丝刀，拧紧螺丝杆固定导线，导线要求压牢。
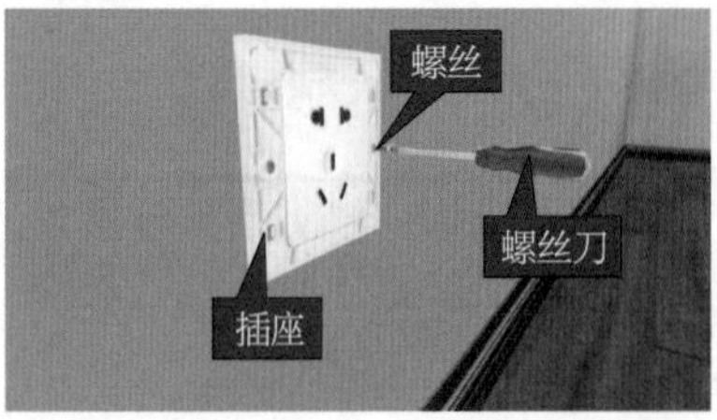	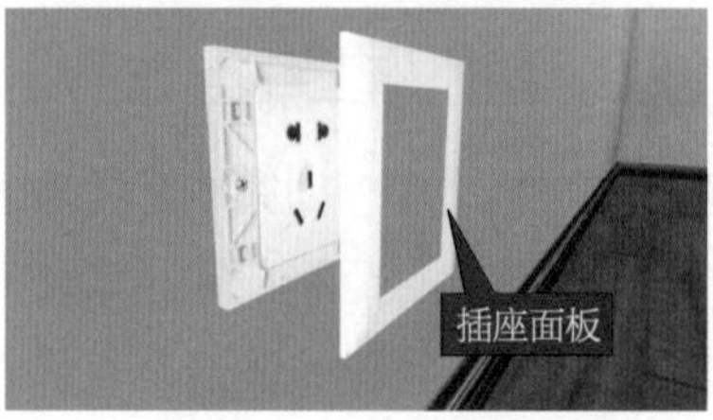
将插座贴在插座底盒上，用螺丝刀，拧紧螺丝固定插座底板。	插座面板，将其扣在底板上。

图 7-11　插座安装

机具介绍－剥线钳

将电线放在剥线钳刀刃中间，握住手柄，将电线夹住，缓缓用力使电线外表慢慢剥去，松开手柄，这是电线金属露在外面。

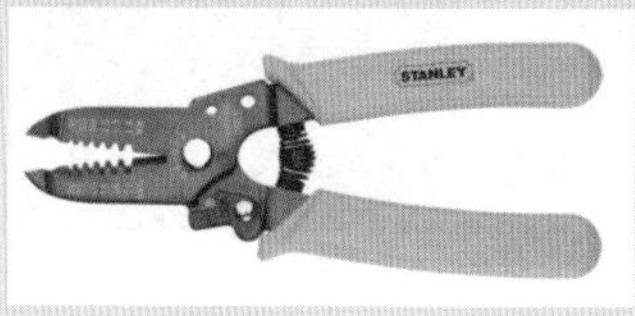

7.2 内门安装施工要点及验收

7.2.1 了解室内门的种类

目前装饰市场上，室内门很多都是工厂化加工，成品门配送到现场，专业人员安装，市场上的室内门主要有摸压门、实木门、实木复合门及金属门四种类型。

（1）模压门。采用具有各种凹凸图案及光面的高密度纤维板做门面，门面采用木材纤维一次模压而成，模压门采用的胶水较多，因此胶水的质量要好，否则有可能造成有害气体超标。模压门是工厂一次成型，价格便宜、隔声效果不是很好、款式比较单一，属于中低档门。见图 7-12。

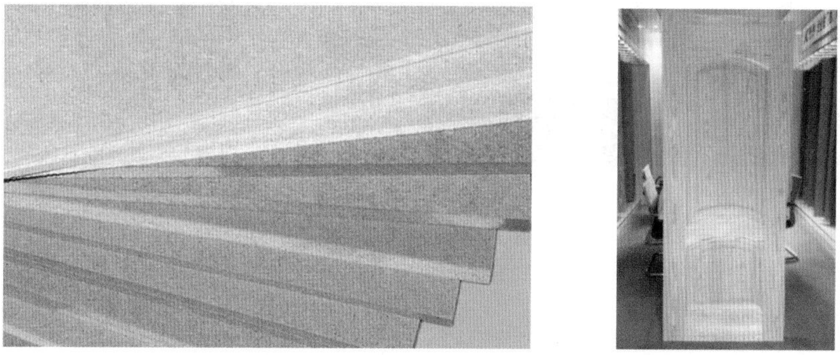

图 7-12　模压门

（2）实木门。门的内外全部为实木或芯材为多层木板制作的叫实木门，通常采用松木等为基材。门的结构是门框榫连接，镶嵌门芯板。实木门对于温度要求比较高，如果温差过大或湿度较低容易造成门的变形、门芯板收缩开裂的问题，实木门在市场上属于中高档门。见图 7-13。

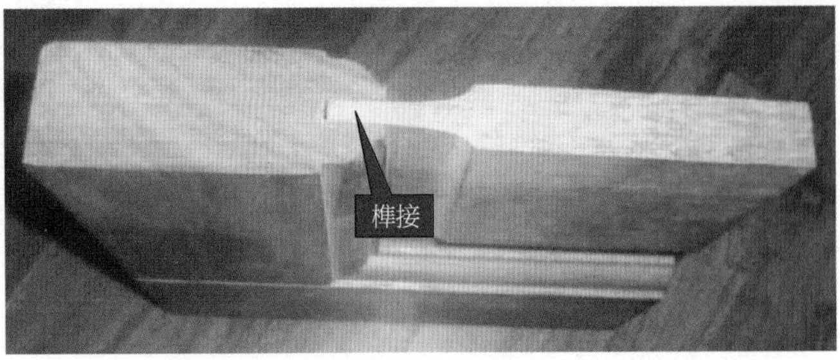

图 7-13　实木门

（3）实木复合门。实木复合门以实木为基材，以天然木皮为饰面，采用机械化流水作业，门不变形、开裂，外观和全实木门一样，款式多样。实木复合门可以根据客户室内尺寸、款式及颜色上进行定做。实木复合门能够避免实木门存在的变形、开裂等问题，是目前市场上用的比较多一种室内门。见图 7-14。

图 7-14　实木复合门

（4）金属门。金属门通常采用铝合金，门的配件选用不锈钢或镀锌材料，表面贴 PVC，比较耐潮湿，多用在卫生间。

7.2.2　如何选择室内门

目前门的款式多样，价格不一，装修室内门的选购要注意以下几个方面：

（1）看封边。看门的边缘封边处，现在厂家都是专用设备，采用进口胶高温高压封边，封边后门外边应该平整牢固。见图 7-15。

图 7-15　封边

（2）摸手感。内门油漆的品质和涂饰工艺决定门的涂饰好坏，好的油漆及先进的喷涂、烤漆工艺可以让门的饰面纹理清晰、漆面光滑及色泽均匀。可以手摸及侧光看，用手抚摸门的边框、面板、拐角处，看有无刮擦感，柔和细腻，站在门的侧面迎光看门板油漆面是否有凹凸波浪。见图 7-16。

图 7-16　看门的油漆饰面

（3）看环保。门在生产过程中用到很多油漆、饰面板材等，要注意门的环保质量，最好有环保部门检测合格的证书。

（4）看款式。装饰内门包括门的样式及色泽，门的装修要和室内风格相统一，装饰风格平稳素净选择大方简洁的款式、古典安逸的则选择厚重儒雅的相搭配。

（5）看厂家服务。好品牌木门应用自己的服务体系，消费者在签订合同时，产品的运输、验收、保修期内的质量问题等都应该在合同中明确，由厂家来承担。

7.2.3　装修室内门选择误区

（1）忽略合页的质量。在购买门时，五金件需要单独购买，消费者往往关注门的质量，忽略了门的五金选择，例如合页的质量和稳定性，五金件的选择直接影响日后门的方便使用程度。见图 7-17。

图 7-17　门合页

（2）一定买实木门？实木门有很多好处，迎合人们环保及回归自然的喜好，但实木门比较贵且在干燥的空气中容易开裂，在装修预算有限的情况下，应把钱用在刀刃上。目前市场上性价比比较高的还是实木复合门，因为造型多样，实木复合门还具有保温、耐冲击、阻燃、隔声效果好、稳定性好等特点。

（3）通过门锁留孔判断门芯的质量。门锁是现场开孔安装的，通过开孔能看到门芯的板材，很多消费者就以门锁开孔处来判断门的质量，其实这是有问题的。在木门的制作工艺上，为了使锁具安装更加牢固，很多情况下采用内衬集成材的办法加强门锁留孔处的强度，因此，单靠门锁留孔判断门的质量难免有些偏颇。见图 7-18。

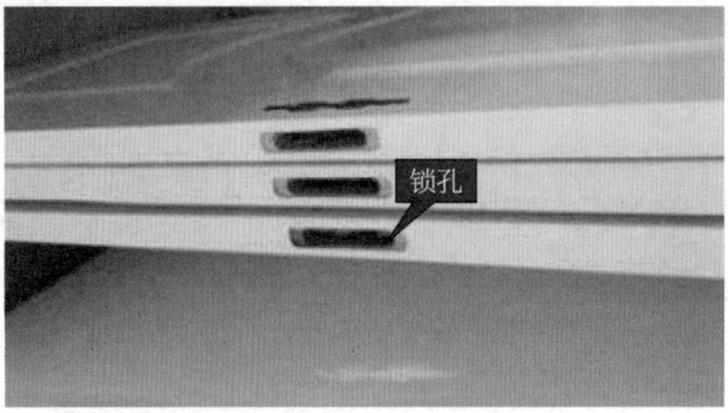

图 7-18　门锁留孔

（4）门越重越好。很多消费者在购买门时，经常以为门越重质量越好。其实单从门的重量上不能完全判断门的质量，刨花板的重量有时也比实木板材大。刨花板是打碎的木材碎料，通过胶高温压制而成，用刨花板做的门的重量大。另一方面，采用柚木等做成的门，密度不高，重量较轻。选购门时还要注意门饰面的做工、封边效果等其他方面。

7.2.4 门安装流程

现场检查→组装门套板→配件安装定位→尺寸复核→门套临时固定→调整位置→填充发泡剂→固定门套线→门扇安装→密封条安装→五金安装→质量验收。

7.2.5 门施工要点

1. 现场检查

产品运到现场放置于安装位置时，由施工队负责人、厂家共同对门的状况进行检验，是否有磕碰、划痕、变色等问题，待确认无误后方可安装。见图 7-19。

图 7-19 检查门扇及配件

2. 组装门套板

按照门扇及洞口尺寸在铺有保护垫或光滑洁净的地面进行门套组装，组装链接处应严密平整，无黑缝，固定配件必须锁紧，对角线应准确。见图 7-20。

图 7-20 组装门套板

3. 配件安装定位

按照订购方要求确定合页的位置，在主门套板上进行开槽定位，标准门合页为3片合页，上面合页上口距门头为240mm，中间合页下口距门头840mm，下面合页下口距门底为280mm，门锁中心距门扇底边距离为900～1000mm。见图7-21。

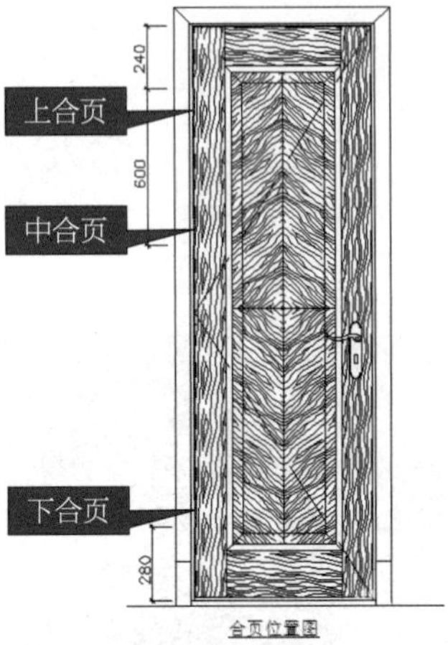

图7-21 合页位置

4. 尺寸复核

确定洞口的尺寸偏差是否影响安装，或者是否有改动，根据墙体的厚度、门板宽度，在墙体定位划线，划线应平直准确。

5. 门套临时固定

将门套预放门洞口内，用木楔进行临时固定，临时固定点主要为门套板（筒子板）左右两上角位置，运用垂线及其他工具进行垂直度调整。见图7-22。

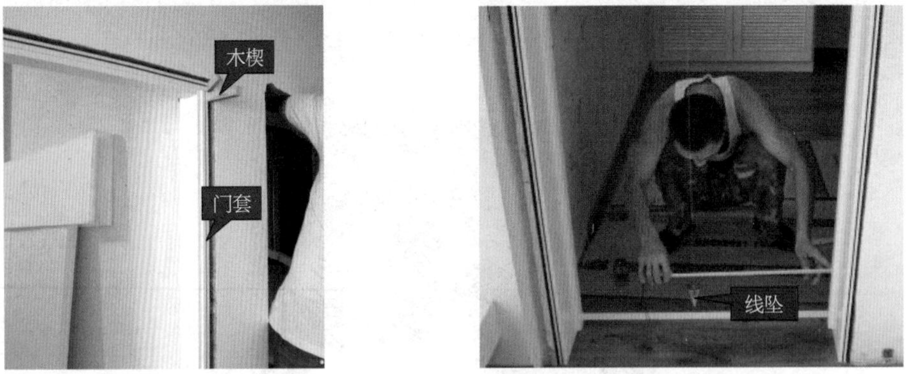

（a）　（b）

7-22 门套临时固定

（a）用木楔进行临时固定；（b）用线坠调整垂直度

6. 填充发泡剂

使用发泡胶结材料对已调整标准的成套门进行最终固定，将发泡胶注入门套与墙体之间的结构空隙内，填充密实度达 85% 以上。安装完成 4h 内不得有外力影响，以免发生改变。见图 7-23。

(a)

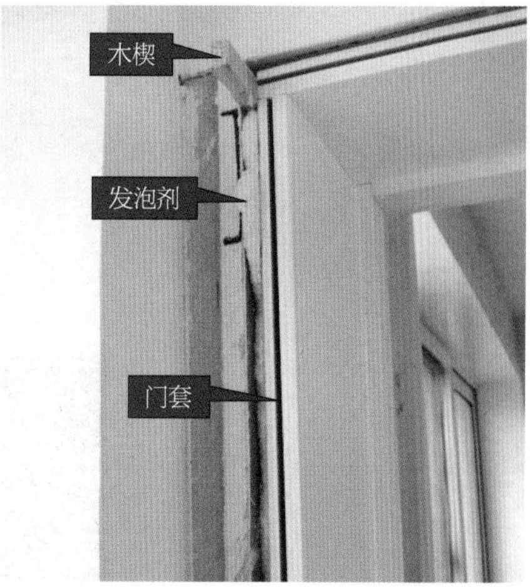

(b)

图 7-23 填充发泡剂

(a) 发泡剂;(b) 填充发泡剂后

7. 固定门套线

门套线应在发泡胶材料注入 4h 以后进行安装。见图 7-24。

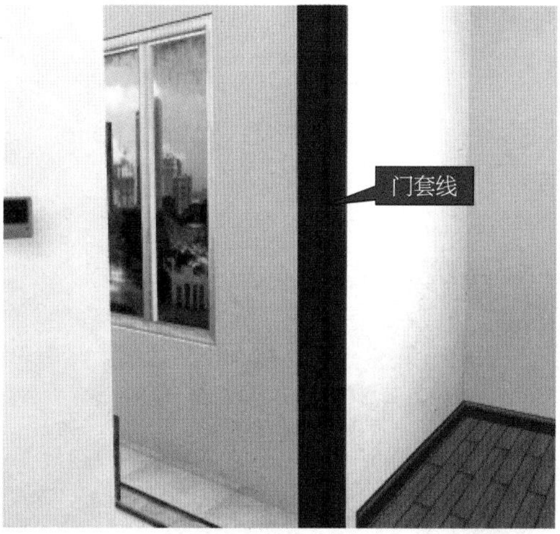

(a)

(b)

图 7-24 固定门套线

(a) 将门套线摆放好位置;(b) 气钉枪固定门套线

机具介绍－气钉枪

气钉枪是使用空气压缩机，通过气钉枪将钉子射入木料以及较软的材质里。射钉枪是使用带有炸药的钉子，将钉子射入混凝土、砖墙等较硬的材质里。

8. 门扇安装

运用木撑或专用工具在门套内进行横向和竖向支撑，然后用发泡剂对门扇边缝等细部进行调整。见图 7-25。

图 7-25　用发泡剂填缝

9. 密封条安装

门套、门线与地面、墙体的缝隙用密封胶填缝处理。

10. 五金安装

门锁安装应牢固、开锁自如，无异响，门吸、闭门器、执手必须按安装图安装，要求牢固、位置准确。锁具安装应在发泡胶完全固化后再进行。见图 7-26、图 7-27。

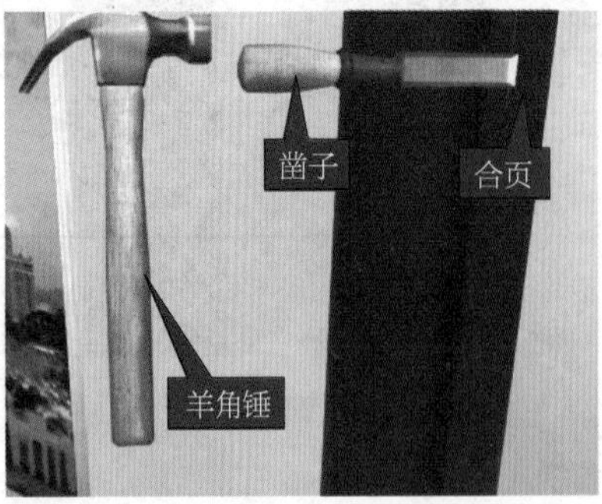

图 7-26　用羊角锤和凿子处理合页槽

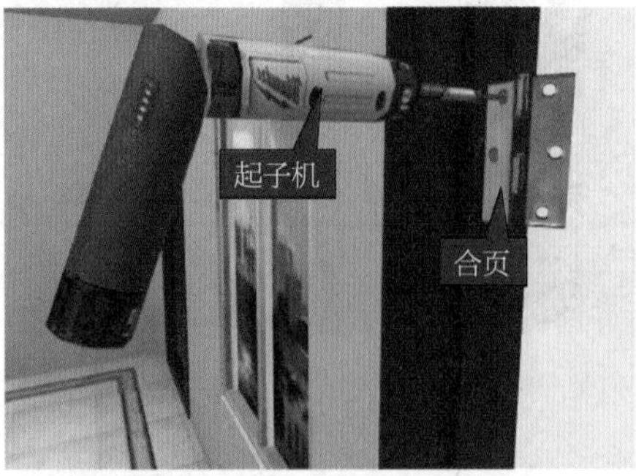

图 7-27　起子机安装合页

7.2.6 教你如何验收

室内装修门安装完成后,需要对门的对角线、正侧面、缝隙等部位进行检查。见表7-2。

木门窗安装的留缝限值、允许偏差和检验方法　　表7-2

项次	项目	留缝限值(mm)		允许偏差(mm)		检验方法
		普通	高级	普通	高级	
1	门窗槽口对角线长度差	—	—	3	2	用钢尺检查
2	门窗框的正、侧面垂直度	—	—	2	1	用1m垂直检测尺检查
3	框与扇、扇与扇接缝高低差	—	—	2	1	用钢直尺和塞尺检查
4	门窗扇对口缝	1～2.5	1.5～2	—	—	用塞尺检查
5	门窗扇与上框间留缝	1～2	1～1.5	—	—	
6	门窗扇与侧框间留缝	1～2.5	1～1.5	—	—	
7	窗扇与下框间留缝	2～3	2～2.5	—	—	
8	门扇与下框间留缝	3～5	3～4	—	—	

7.3 手摇升降衣架安装要点及验收

7.3.1 如何选购升降衣架

家庭装修中,目前升降衣架已经取代了固定式的晾衣杆。升降衣架分为手动和自动两种,通过滑轮,能够使衣架上下升降,能够满足不同身高、不同年龄的使用,受广大年轻人的喜爱。晾衣架应注意材质及构造,手摇升降衣架的构造主要包括顶座、转向器、手摇器、钢丝绳、晾衣杆五个部分。而在选购晾衣架时主要看七个部分,膨胀丝、手摇器、滑轮、钢丝绳、晾衣杆饰面、晾衣杆材质、晾衣杆的厚度。见表7-3。

晾衣架选购注意事项　　表7-3

名称	选购注意事项	图片
金属膨胀螺栓	金属膨胀丝,能够保证安装的牢固性	
手摇器	手摇器是晾衣杆的关键部分,购买时要试着转动手摇器,看是否顺畅,噪声是否太大。中低档手摇器以齿轮装置为主,档次较高的以集成弹簧锁工艺为主	

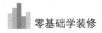

续表

名称	选购注意事项	图片
滑轮	也叫转向器，让钢丝绳经过滑轮保持手摇器垂直，中低档滑轮采用铁等普通金属，中高档采用纯铜制作	
钢丝绳	钢丝绳分两部分，一部分是连接手摇器的，通过摇动手柄使钢丝绳卷入手摇器内和拉出手摇器外，这部分属于手摇器的；另一部分一边连接晾杆，一边连手摇器钢丝绳。钢丝绳，一看钢丝绳粗细，二看柔韧度，钢丝绳越粗越软越好。鉴别的方法是把钢丝绳对折，放开后看是否能还原	
晾衣杆表面	晾衣杆表面主要有抛光处理、电镀处理、喷塑处理和电泳处理四种，抛光处理的晾衣杆，表面看上去光亮、接近铝合金原色，但表面未作氧化处理，时间长了，杆的表面容易发黑	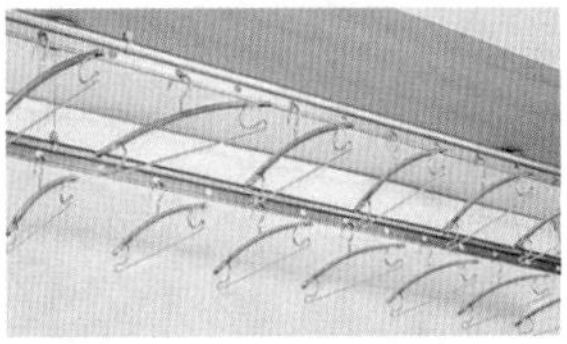
晾杆材质	升降衣架的晾杆有两个衣杆，材料有不锈钢、铝镁合金、硅镁钛合金，表面进行阳极氧化、雾银，显得光滑漂亮，购买时要看说明书，消费者也可以检验下，用力掰杆的两端，钛合金能弯曲且能够还原，铝合金会弯曲但是不能还原	
看厚度	两个升降衣架重量要适中，衣杆壁厚太薄的寿命时间短，太厚重的升降不方便，选择 1.0 ~ 1.2mm 的厚度比较合适	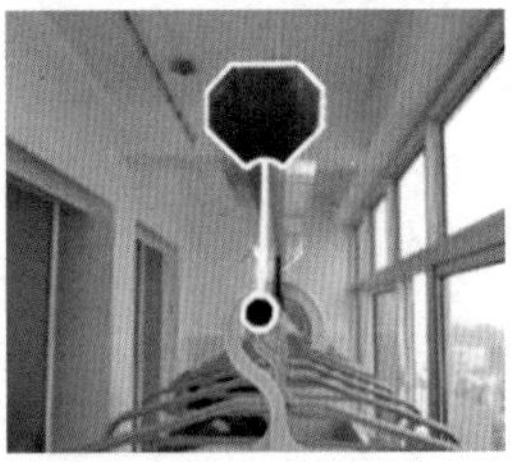

7.3.2　你该选择哪种尺寸的晾衣架

在选择升降衣架时要注意阳台的尺寸，特别是小户型阳台的尺寸有限，如果购买的晾衣架尺寸过大可能使用起来不方便，在选购前要先了解升降衣架的尺寸。

（1）升降衣架晾衣杆长度有 2.4m、2.7m、2.8m、3.0m 等几种尺寸，两根晾杆的间距视阳台的宽度确定，一般为 45 ~ 50cm，如果阳台面积足够大，两根晾杆的宽度可适当放宽。

（2）钢丝绳，钢丝绳一般用 7×7 股，直径 1.2 ~ 1.8mm 的不锈钢金属绳。

（3）升降衣架的升降范围的高度 100 ~ 170cm。

（4）手摇器的高度一般离地为 100cm，能够方便使用。手摇器最好安装在实体墙上，因为晒好衣服后上升时重量将集中在手摇器的位置，如果安装在瓷砖位置上，要求瓷砖一定不能有空鼓问题，否则使用时很容易使瓷砖碎裂。

7.3.3　升降衣架安装用哪些材料

晾杆、手摇器、顶座（滑轮架、顶盖）、转角器、膨胀螺丝、钢丝绳。见表 7-4。

部分材料表　　表 7-4

名称	介绍	图片
手摇器	实现晾衣架升降、自锁（任意高度自动锁定）功能的核心部件，其质量直接关系产品主要功能的实现及使用的寿命。手摇器里面有 2 根钢丝绳，把手柄推进去是控制左边，拔出来是控制右边	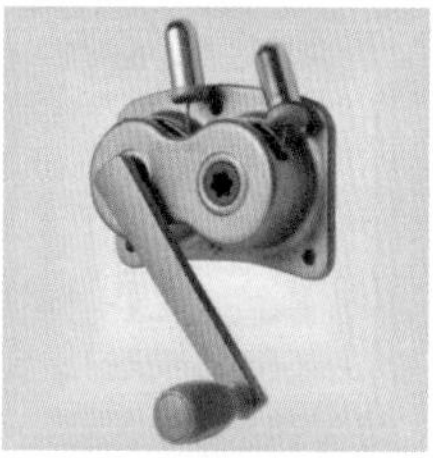
顶座	安装在阳台的天花板上，让钢丝绳通过内部的滑轮而垂直与晾杆连接并承托所有重量的装置，顶座还成为可以装饰天花板的装饰品	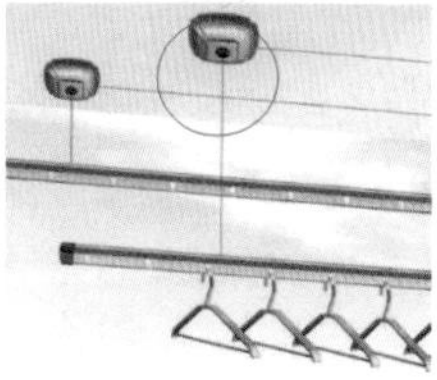
转角器	转角器可安装阳台顶或者是墙面顶部，距离转角距离的活动顶座要保持在 70cm 内	

7.3.4　施工流程

顶座安装→安装转角器→安装手摇器→穿导钢丝→安装顶座→安装晾杆→检查验收。

7.3.5　施工要点

1. 顶座安装

一根晾杆配 2 个顶座，其中一个是双轮顶座，一个单轮顶座；双轮顶座靠近转角器，单轮顶座远离转角器；用 8 个金属膨胀螺栓固定 4 个顶座。见图 7-28。

（a）　　（b）

图 7-28　安装双轮预支架（一）

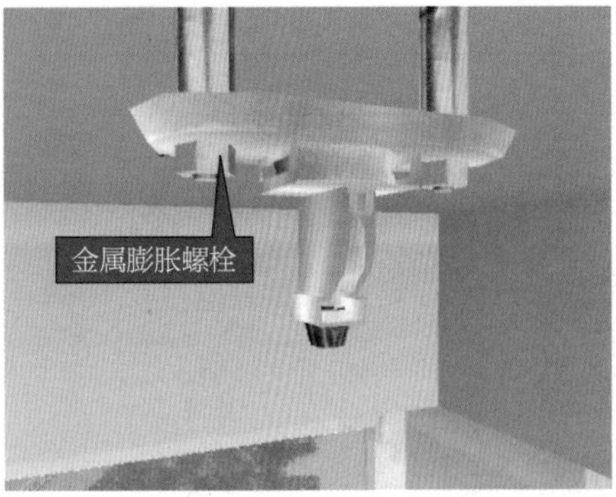

（c）

（d）

图 7-28　安装双轮预支架（二）

（a）用冲击钻，在顶棚打孔，固定双轮支架；（b）顶座；（c）用胀螺栓和螺帽，固定双轮支架；（d）用羊角锤将膨胀螺栓打入打好的孔内

机具介绍 - 羊角锤

羊角锤是锤子的一种，羊角锤的一头是圆的，一头是扁平的，向下弯曲并且开 V 口，其目的是为了起钉子。

2. 安装转角器

在手摇器正上方、离墙角 5cm 的天花板上，用 2 个金属膨胀螺栓固定。见图 7-29。

（a）

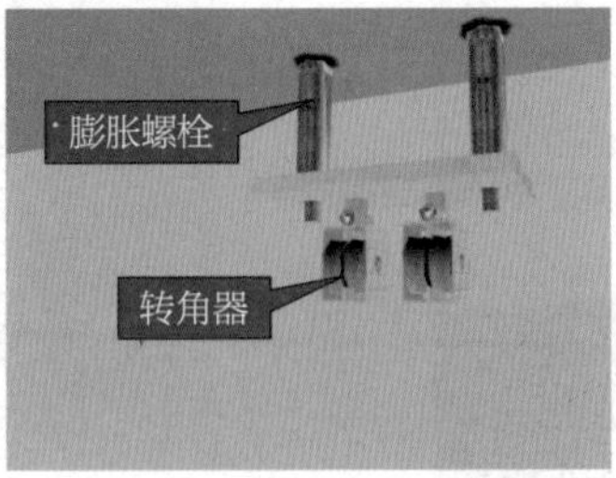

（b）

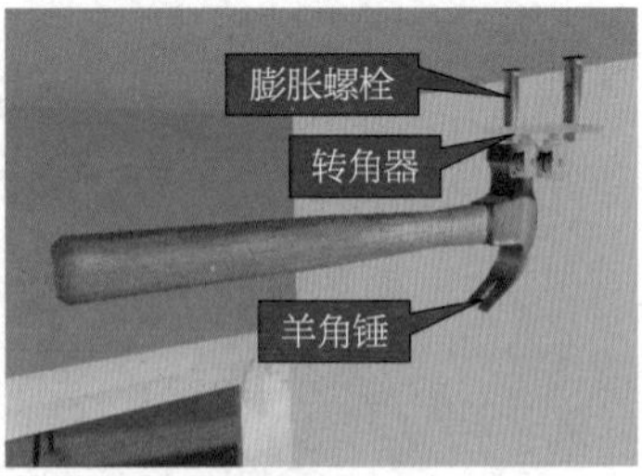

（c）

图 7-29　安装转角器

（a）用冲击钻，在墙顶面打孔；（b）用膨胀螺栓，固定转角器；（c）用羊角锤将膨胀螺栓打入打好的孔内

3. 安装手摇器

找好手摇器的安装位置，打孔，用膨胀螺栓固定，水平安装，绳子牵引头向上。手摇器的高度距离地面 1 ~ 1.2m。

4. 穿钢丝及安装晾杆

首先将钢丝绳对折，握住钢丝绳的两端，穿入其中一个转角器，接着将钢丝绳的两端穿过其中一个双滑轮架，把从双滑轮架下面穿出的钢丝绳一端拉到接近手摇器的位置，另一端全部拉过转角器，另一根钢丝绳同样的操作，然后再将手摇器摇出来的钢丝绳一端的扣子，挂至转角器钢丝绳的尾部，另一根同样操作。当转角器侧装在立面墙上时，绳子从无槽的一侧穿入，然后从有槽的另一侧出来。见图 7-30。

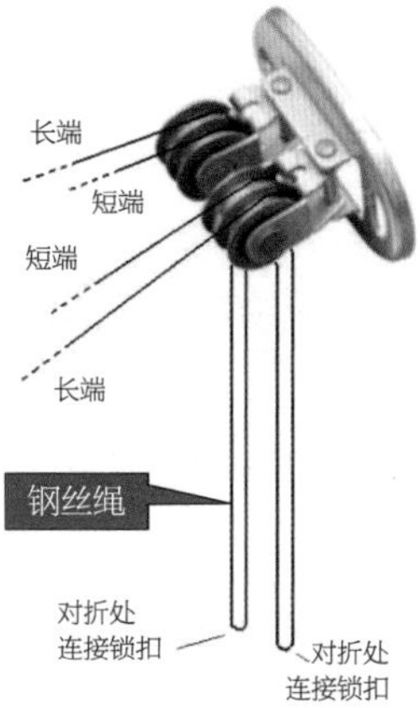

（a）穿钢丝绳

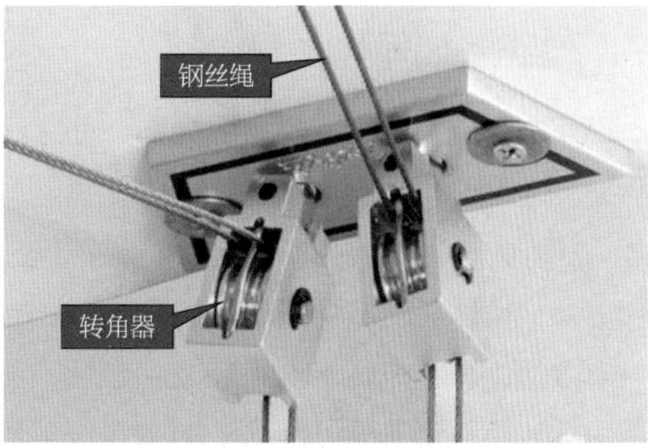

（b）钢丝绳穿转角器

（c）在钢丝绳上安装吊球，拉动一根绳子上的两个头，使绳子对折处紧贴转角器，两个吊球的置略高于手摇器即可

（d）把晾杆套入吊球，抓住钢丝绳的对折处往下拉，晾杆上升至顶盖，这时钢丝绳对折处刚好略微高于手摇器，套上手摇器上的牵引头，固定住即可，最后用堵头，将其套在晾杆两端

图 7-30 穿导钢丝及安装晾杆

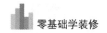

机具介绍 - 钢丝绳

钢丝绳由钢丝、绳芯及润滑脂组成。钢丝绳是先由多层钢丝捻成股，再以绳芯为中心。钢丝绳的强度高、自重轻、工作平稳、不易骤然整根折断，工作可靠。

7.3.6 如何验收

（1）安装完毕后，摇动手摇器，使之上下升降，检查有无卡滞、缠绕、偏斜、松动等现象。要耐心检查、调整、紧固，直到升降轻松、顺畅、无杂声、晾杆水平、左右对称，方可认定为安装完毕，最后把衣撑挂上。

（2）晾晒架应外观整洁、色泽基本一致，无明显擦伤、划痕和毛刺。

（3）晾晒架伸展、收回应灵活连续，无停顿、滞阻。

（4）晾晒架的机械传动机构操作应平稳，无明显噪声，定位应正确。

7.4 直线式木质楼梯安装工艺

7.4.1 楼梯的类型及材质

楼梯，指的是能够从一个功能空间让人顺利进入另一个功能空间的通道。在楼梯设计时，需要对楼梯的结构、尺寸有很好的掌握，才能使楼梯使用方便且空间占用最少，在家庭装修中，木质材料本身的自然纹理，能够很好的与整个温馨的室内相搭配，木质楼梯的应用范围较为广泛。

1. 楼梯的类型

楼梯有直梯、弧梯、折梯、旋梯等几种，复式结构的住宅室内比较适合安装折梯，楼梯在室内是比较占用空间的，特别是直梯及弧梯，因此楼梯的位置需要特别考虑，室内装修楼梯一般放置在靠墙的角落，能够节省空间。见图 7-31。

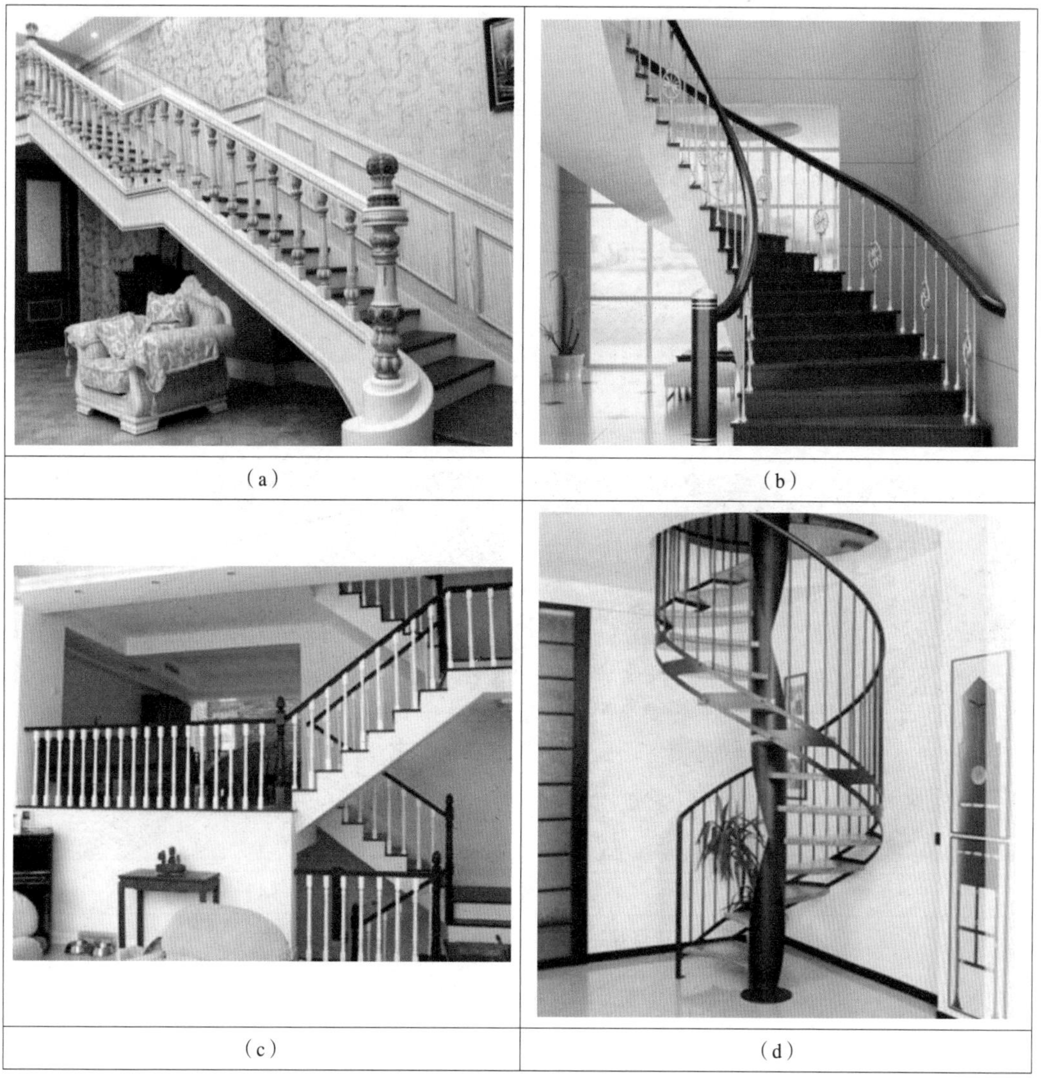

图 7-31　楼梯类型

（a）直梯；（b）弧梯；（c）折梯；（d）旋梯

2. 楼梯的材质

楼梯是人们生活中经常活动的场所，应该采用比较耐用的材料，常见的有木质、玻璃、金属、理石等。木质楼梯比较温馨，能够与室内的装饰风格相搭配，特别是田园风格或是中式风格，家有老人、小孩比较适合木质楼梯。金属楼梯具有现代感，构件表面涂刷防锈漆，能够与现代简约风格相搭配。玻璃楼梯，造价比较高，比较简洁，需要采用较厚钢化玻璃，对玻璃需要倒角处理。理石楼梯，给人感觉比较厚重，上下楼梯时产生的噪声较小，维修简单，容易清洁。见图 7-32。

3. 楼梯的坡度

楼梯的坡度不宜太陡，否则使用不方便，在考虑室内装修楼梯坡度时，注意考虑小

图 7-32　楼梯材质

(a) 木质楼梯;(b) 玻璃楼梯;(c) 金属楼梯;(d) 石材楼梯

孩及老人，家庭楼梯坡度一般控制在 20° ~ 45°。台阶踏步能够与人的步幅相一致，上下楼梯比较舒适。

4. 楼梯扶手

室内楼梯的装修，很重要的一项就是楼梯扶手，最理想的扶手材料是木质，其次是石材，室内楼梯扶手的最好不用或者少用不锈钢扶手或其他亮面金属。楼梯栏杆应考虑安全性，特别是家有小孩的，栏杆间距控制在 11cm 以内。

7.4.2　木质楼梯的材料及结构

木质楼梯一般采用红松、杉木、水曲柳、榉木、柚木等，无裂痕、结疤、扭曲现象，含水率不大于 10%。

(1) 楼梯扶手：木质楼梯扶手一般由木工机械加工成多种形式的木栏杆、立柱及扶手等，楼梯扶手的直径一般为 40 ~ 60mm，最佳为 45mm。见图 7-33。

图 7-33　木质楼梯扶手

（2）弯头：起步弯，为左起步和右起步，楼梯在左边就是左起步弯，在右边就是右起步弯；落差弯；U 形弯，也叫来回高低弯；收顶弯，分左右。见图 7-34。

（a）

（b）

（c）

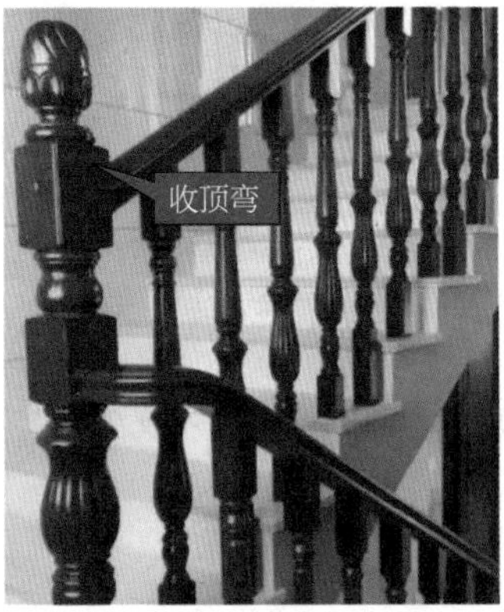

（d）

图 7-34　弯头

（a）起步弯；（b）落差弯；（c）U 形弯；（d）收顶弯

（3）踏板：楼梯材质一般分为实木、钢木复合材料、大理石或瓷砖类型，还有水泥和玻璃等，实木楼梯质感厚重。表面一般都经过上漆处理，同复合木地板一样，表面经过处理的踏步具有耐磨、防滑功能。见图 7-35。

图 7-35　踏步

（4）双尖牙螺丝：螺杆上的螺纹为专用的木螺钉用螺纹，可以直接旋入木质构件（或零件）中，用于把一个带通孔的金属（或非金属）零件与一个木质构件紧固连接在一起。这种连接也是属于可以拆卸连接。见图 7-36。

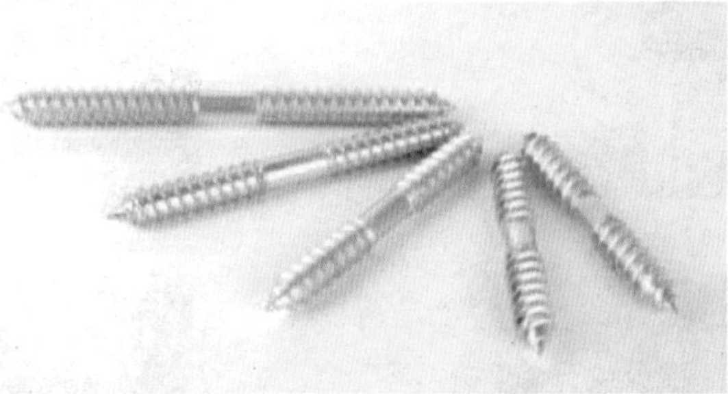

图 7-36　双尖牙螺丝

7.4.3　施工流程

弹线定位→安装地龙骨及踏板→安装立柱、栏杆→安装弯头→固定扶手。

7.4.4　施工要点

1. 弹线定位

弹线确定扶手直线段与弯头、折弯断面的起点和位置，确定扶手的斜度、高度和栏杆间距，立柱之间的距离小于 110mm，扶手高度大于 1050mm。

图 7-37 弹线

2. 安装地龙骨

安装地龙骨的作用：一是为了水泥基础找平、调节步高；二是实木不能直接与水泥基础直接接触，否则很容易变形。见图 7-38。

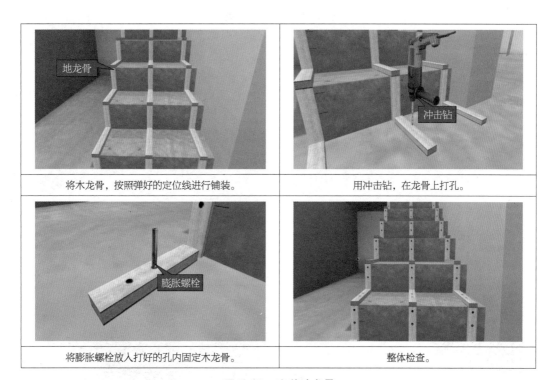

	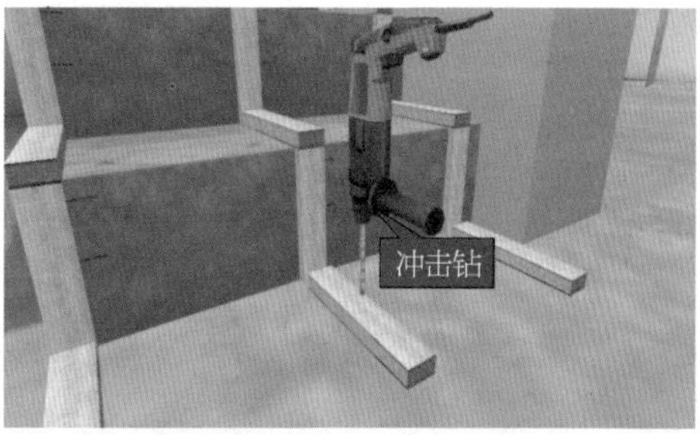
将木龙骨，按照弹好的定位线进行铺装。	用冲击钻，在龙骨上打孔。

将膨胀螺栓放入打好的孔内固定木龙骨。	整体检查。

图 7-38 安装地龙骨

3. 安装基层板

用基层板，将其放置在木龙骨上，用冲击钻在龙骨和基层板相交的地方打孔，将膨胀螺栓放入打好的孔内，将钢垫片套在碰撞螺栓上，最后用木螺丝，进行固定。见图 7-39。

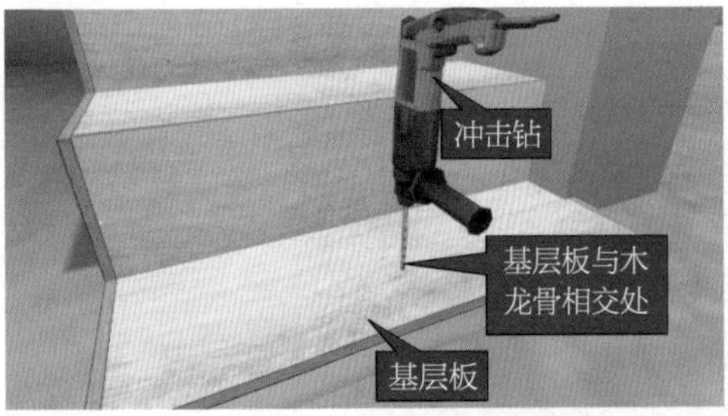

用冲击钻，在龙骨和基层板相交的地方打孔。

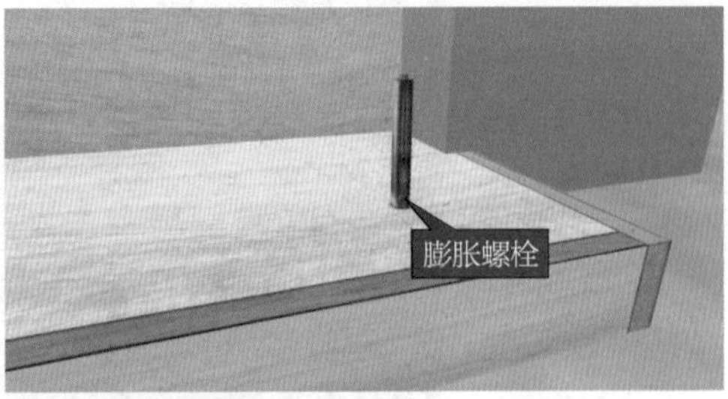

将膨胀螺栓放入打好的孔内。

用木螺丝，进行固定。

图 7-39　安装基层板

4. 安装踏步

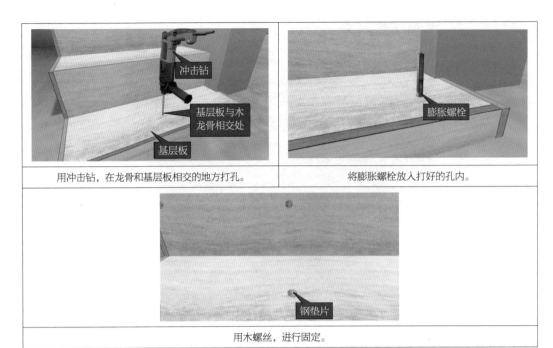

用双尖牙螺丝进行安装，用胶枪，在基层板上涂抹白乳胶。见图 7-40。

（a）

（b）

（c）

（d）

图 7-40　安装踏步

（a）双尖牙螺丝进行安装；（b）用注胶枪，在基层板上涂抹白乳胶；（c）均匀涂胶；（d）安装踏板

机具介绍 – 注胶枪

用大拇指压住后端扣环，往后拉带弯勾的钢丝，尽量拉到位，先放玻璃胶头部，使前面露出胶嘴部分，再将整支胶塞进去，放松大拇指部分，再挤压就可以使用。

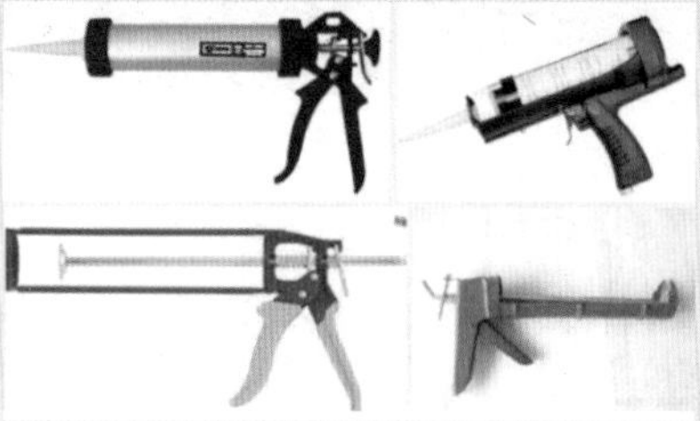

5. 安装立柱、栏杆

在安装好的踏板上用冲击钻在上面打孔，用角扳手，将预埋螺母拧入打好的孔内，用双尖牙螺丝，将其拧入预埋螺母内。用小木桩，将其固定在双尖牙螺丝另一端。见图 7-41。

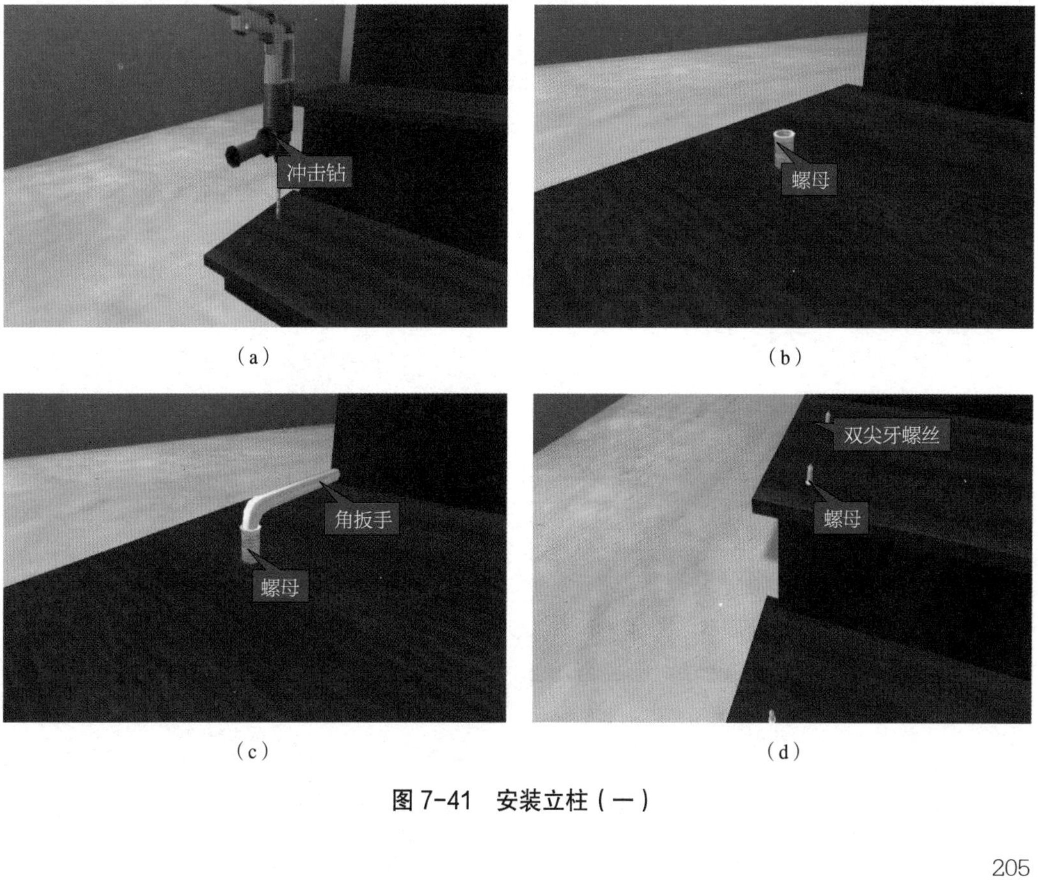

（a）（b）（c）（d）

图 7-41　安装立柱（一）

（e）

图 7-41　安装立柱（二）

（a）用冲击钻在踏板上打孔；（b）预埋螺母；（c）用角扳手，将预埋螺母拧入打好的孔内；（d）用双尖牙螺丝，将其拧入预埋螺母内；（e）将立柱固定在双尖牙螺丝另一端

机具介绍 - 角扳手

角扳手：内六角扳手。通过扭矩施加对螺丝的作用力，大大降低了使用者的用力强度，是工业制造业中不可或缺的得力工具。

6. 安装扶手

用木条板，将其放置在立柱上，用气钉枪，将木柱和条板进行固定，将已开槽的扶手放置在条板上。见图 7-42。

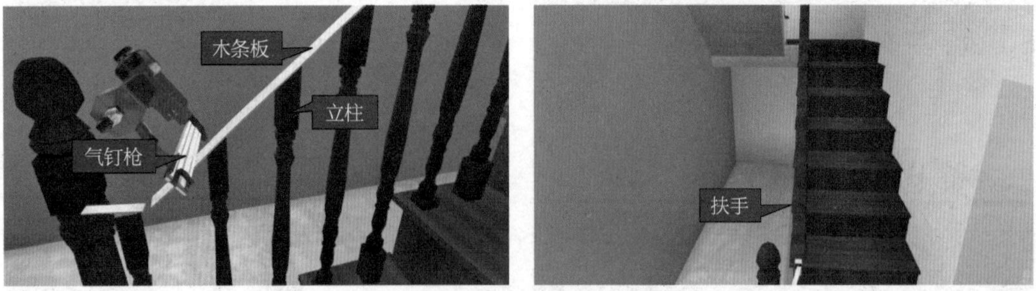

（a）　（b）

图 7-42　安装扶手

（a）用气钉枪，将木柱和条板进行固定；（b）将扶手放置在木条板上

7. 固定扶手

用木螺丝拧紧条板与扶手，螺钉固定间距控制在 400mm 以内。见图 7-43。

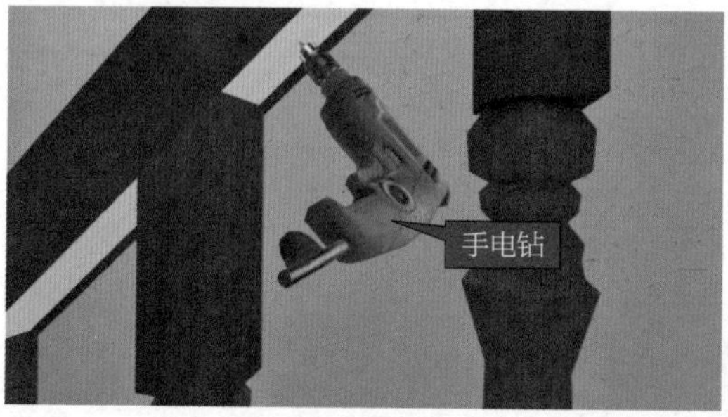

（a）

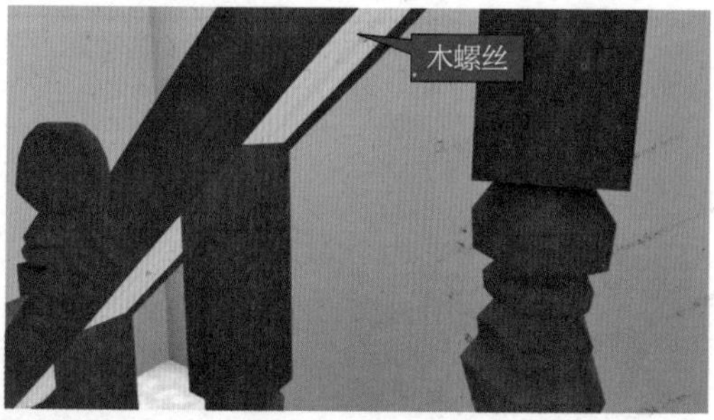

（b）

图 7-43　固定扶手

（a）用手电钻，在条板与扶手之间打孔；（b）用木螺丝，固定条板和扶手

家装妙招 – 木楼梯保养

1. 防潮：木质楼梯容易受潮，在日常清理时，不能直接用水清洗或用含水量大的毛巾擦洗，容易造成楼梯开裂；2. 涂蜡：木质楼梯的踏步、扶手要经常涂蜡进行保护；3. 地毯保护：可在踏步中间铺上地毯，既能保护踏步也能起到很好的装饰作用；4. 防止太阳照晒：木质楼梯长期在太阳的照射下容易产生漆面老化，影响楼梯寿命。

7.4.5　木质楼梯如何验收

木质楼梯的验收包括护栏的垂直度、栏杆间距、扶手的直线度、扶手高度等内容。见表 7-5。

护栏和扶手安装的允许偏差和检验方法　　表 7-5

项次	项目	允许偏差（mm）	检测方法
1	护栏垂直度	3	用 1m 垂直检测尺检查
2	栏杆间距	3	用钢尺检查
3	扶手直线度	4	拉通线，用钢直尺检查
4	扶手高度	3	用钢尺检查